원령공주의
섬
야쿠시마

원령공주의

섬

# 야쿠시마
## 屋久島

조현제 지음

안보강 계곡

# 느림의 공간 야쿠시마

송일곤 영화감독


안녕하세요. 저는 영화감독 송일곤이라고 합니다.

저는 2011년 야쿠시마에서 다큐멘터리 영화 〈시간의 숲〉을 연출 했습니다. 이 영화는 배우 박용우와 타카기 리나가 지친 서울의 일 상에서 벗어나 야쿠시마라는 일본의 작은 섬을 느리게 여행하며 치 유하는 여행 다큐였습니다. 그때 저와 로케이션 헌팅부터 촬영까지 언제나 함께 저희 팀을 가이드하며 이끌어 주고  저에게 많은 이야 기와 영감을 준 사람이 바로 조현제 대표였습니다. 어쩌면 한국사 람들 중에 야쿠시마에 관해 가장 많은 이야기를 알고, 연구한 조 대 표께서 야쿠시마에 관한 책을 출판하게 되어 진심으로 축하를 전 합니다.

저는 여행을 좋아합니다. 유럽에서 6년 동안 유학생활을 하며 많 은 유럽국가를 다녔고, 쿠바에서 영화를 만들기도 했고, 북미대륙 을 배낭을 메고 버스와 자동차로 횡단한 경험도 있으며, 부탄의 히 말라야 산맥에 오르기도 했으며, 바이칼 호수에서 사진촬영을 하며 여름을 보낸 적도 있고, 뜨거운 남인도의 들과 강과 바다를 떠돌기도 했습니다. 유독 여행을 좋아했던 저에게, 방송국의 피디 한 분이 아시아의 어떤 스폿(공간) 중에 만약 치유받기 위해, 그리고 쉬기 위해 가장 좋은 곳이 어디인지에 관한 질문을 던졌고, 그곳을 몇 군데 추려서 그 장소에 관한 다큐멘터리를 만들어 보자는 제안을 했습니다. 우리는 몇몇 장소를 떠올렸습니다. 그 중 한 곳이 야쿠시마였습니다.

당시 야쿠시마는 우리나라 사람들에겐 생소했지만 유네스코에서 지정한 세계자연유산이며 제가 가장 존경하는 감독인 미야자키 하야오가 〈원령공주〉를 만드는데 영감을 받았던 곳이었습니다. 이 두 개의 문장이 저에게 호기심을 주었습니다. 그래서 자료를 조사하던 중에 야쿠시마의 숲에 7천2백 년이 된 나무가 한 그루 있다는 사실을 알게 되었습니다. 7천2백 년? 현실적인 숫자가 아니었습니다. 그 나무의 이름이 신석기 시대부터 살아 있었기 때문에 조몬스기(신석기 삼나무)라고 부른다는 것 또한 알게 되었습니다. 놀라웠습니다. 어쩌면 지금까지 살아 있는 모든 것 중에 가장 오래된 생명체라는 생각이 들었습니다. 역사, 국가, 인간, 진화, 이러한 단어들 중에 저는 기억이라는 단어가 떠올랐습니다.

그 나무는 7천2백여 년 동안 한 자리에서 이 세계의 모든 것이 바뀌어도 묵묵히, 꼿꼿이 살아남아, 모든 시간을 기억하고 있을까? 저는 그 나무를 꼭 보고 싶었습니다. 그래서 주저없이 야쿠시마를 가장 잘 아는 분을 수소문 했고 그때 저를 반갑게 만나주신 분이 조현제 대표였습니다.

처음 봤을 때 조 대표는 친절하고 따뜻한 미소를 지으며 흔쾌히 허락해 주었고, 저와 스태프를 데리고 야쿠시마에 갔고, 야쿠시마에 관한 많은 이야기와 삼나무에 관한 이야기들을 들려주었습니다. 야쿠시마에 처음 도착하는 그 순간! 저는 이곳에서 영화를 만들겠다고 다짐했고, 숲과 강과 바다와 산들을 돌아보는 제가 어느새 천천히 걷고, 먹고, 미소짓고 또한 서울에서 바쁘게 살고 있던 저에 관한 거울을 하나 만들고 있다는 것을 알게 되었습니다. 저는 자연이라는 공간으로부터 치유받고 있었습니다. 그 소중한 경험을 할 수 있게 해준 조현제 대표께 이 자리를 빌어 감사의 마음을 전합니다.

이 책에는 야쿠시마에 관해 조현제 대표께서 경험하고 공부해온 많은 이야기들이 담겨있습니다. 다 읽고 나면 통상적인 여행가이드북을 넘어서 일본의 문화인류학적인 기록까지 생생하게 체험할 수 있을 것입니다. 무엇보다 이 책을 읽으신 후에, 살면서 꼭 한

번, 더 늦기 전에, 야쿠시마를 방문하셔서서 아주 깨끗한 이끼들의 감촉과, 매일 안보강에 내리는 빗방울 소리와, 멀리서 불어오는 바람 소리와, 그리고 아주 오래된 나무를 만나보시길 바랍니다.

저는 조현제 대표와 함께한 첫 번째 야쿠시마 여정에서 그 나무를 보았습니다. 아주 크고 나이가 많은 나무가 한 그루 있었습니다. 그때의 감상은, 이 책을 읽은 분들도 꼭 한 번 체험해 보시길 바라는 마음으로 대신하겠습니다.


영화감독 송일곤은 단편 영화 〈광대들의 꿈〉(1996)과 〈간과 감자〉(1997)를 발표해 평단의 주목을 받았다. 1999년에는 〈소풍〉이 칸 영화제 단편경쟁부문 심사위원상을 수상했다. 2001년 〈꽃섬〉으로 장편영화 감독으로 데뷔해 〈거미숲〉(2004) 〈마법사들〉(2005) 등을 연출했으며 2011년 소지섭 한효주 주연의 〈오직 그대만〉이 제16회 부산국제영화제 개막작으로 선정되었다. 그는 다큐멘터리 영화도 연출했는데 쿠바 한인들의 이야기를 담은 〈시간의 춤〉(2009)과 일본 가고시마 남단 야쿠시마 숲을 담은 〈시간의 숲〉(2012)을 연출했다.

야쿠스기랜드 산책로

시라타니운스이 계곡

조몬스기

안보강 하구

미야노우라강 하구

다이코이와

# 차례

# 나와 야쿠시마의 인연

야쿠시마 전문여행사인 스토리투어를 운영하기 전, 나는 가고시마현 이와사키그룹의 서울사무소 소장으로 일했다. 하지만 처음부터 여행업과 인연을 맺은 건 아니다. 내 인생에 가장 큰 시련이 닥친 것은 1997년 11월이었다. 많은 가장들을 실직하게 만든 IMF 사태가 터진 후 나도 실직자 대열에 끼고 말았다. 앞으로 뭘 해야 할지 갈피를 잡을 수 없었다. 그러기를 몇 달. 머리에 번득 떠오른 것이 있었다. 일본어 가이드였다. 평소 일본어에 관심이 있던 터였다. 위기가 기회라는 말을 되뇌이며 용기를 내 보았다.

일본어 가이드 시험은 쉽지 않았다. '이 길이 아닌가?' 중간에 그만둘 생각도 여러 번 했다. 하지만 다른 데 투자할 시간도, 여력도 없었다. 마음을 다잡았다. 마침내, 시험을 통과해 자격증을 손에 쥐었고 한 여행사에 용케 취직을 했다. 하지만 일본어 회화 실력은 딱 시험을 통과할 정도에 불과했다. 고객을 맞기엔 턱없이 부족했다. 그 실력에도 불구하고 몇 번 고객을 맞았다. 하지만 그렇게 손님을 맞자니 너무 미안한 마음이 들었다. 그래도 시간이 지나면서 내 일본어 회화 실력은 점점 늘어갔다. 그러던 2004년 초, 새로운 기회가 찾아왔다.

"조현제 씨, 이와사키그룹의 서울사무소 소장에 응모해 보는 건 어때요?"

이와사키그룹은 규슈 가고시마현에 기반을 둔 영향력 있는 기업이다. 전임자가 퇴사하고 몇 달이 지났는데도 아직 후임자를 구하지 못했다는 것이다.

고민을 하다 이와사키호텔 홈페이지를 들어가 봤다. 회사 규모가 제법 커 보였다. '채용만 된다면 더이상 실직할 일은 없겠다'는 생각이 들었다. 게다가 평소 영업직에 대한 관심도 있었던 터라 선뜻 지원을 했다. 운이 좋아서일까? 무사히 면접을 통과, 입사하게 됐다.

나는 입사 후 그해 5월, 현지 연수차 가고시마현을 처음 방문했다. 5박 6일간 그룹에서 운영하는 호텔, 버스회사, 골프장, 고속선, 식당 등을 견학하였다. 나는 가고시마, 이브스키, 기리시마, 야쿠시마, 다네가시마에서 각각 1박을 하면서 시설을 체험했다. 견학하는 곳 대부분이 처음이었지만, 그 중에서도 일본 세계자연유산 1호인 야쿠시마가 좀 더 색다른 모습으로 다가왔다. 가고시마항의 고속선 터미널에서 토피(toppy)라는 쾌속선을 타고 원시의 섬 야쿠시마로 향했다.

토피는 사츠마 반도와 오오스미 반도 사이의 긴코우 만을 빠른 속도로 내달렸다. 승선감이 쾌적하고 좋았다. 두 반도 사이는 파도가 전혀 없었고 호수처럼 잔잔했다.

"가끔 여기서는 돌고래도 볼 수 있어요."

안내 직원이 바다를 둘러보며 말했다. 하지만 이날 돌고래를 만나지는 못했다. 40여 분이 지나자, 사츠마 반도의 끝인 이브스키가 보였다. 이브스키는 검은 모래찜질 온천으로 유명한 가고시마현의 작은 도시다.

"지금 규슈 최남단인 사타미사키를 통과하고 있습니다."

이브스키의 랜드마크인 가이몬다케(開門岳: 924미터)를 바라보고 있는 사이 안내방송이 흘러 나왔다. 가이몬다케는 '작은 후지산'으로 불리는데, 산은 작지만 일본 100대 명산에도 포함된다.

가고시마항을 출발한 지 1시간 40여 분, 마침내 목적지 야쿠시마가 보이기 시작했다. 가까이 다가가자 야쿠시마는 듣던 대로 온통 산봉우리로 가득했다.

'여기가 말로만 듣던 해상의 알프스라 불리는 야쿠시마의 고봉들이구나.'

탄성이 절로 나왔다. 하지만 그건 내 착각이었다. 내가 항구 근처에서 보았던 산들은 마에다케(前岳)라 불리는 외륜산으로, 해발 5백 미터 이하의 산들이었다.

"천 미터 이상의 산들은 오쿠다케(奧岳)라고 불립니다. 이 산들은 마에다케에 가려서 보이지 않습니다. 오쿠다케를 보기 위해서는 최소한 7~8시간 등산을 해야 합니다."

안내 직원은 야쿠시마 초보자인 나에게 이렇게 말했다. 쾌속선이 닿은 곳은 미야노우라라는 항구다. 야쿠시마와의 첫 만남이었다. 1993년 유네스코 세계자연유산으로 등록된 야쿠시마는 지브리

스튜디오에서 제작한 미야자키 하야오 감독의 애니메이션 〈원령공주〉 배경으로 유명하다. 자연 그대로의 섬 전체가 산이라고 해도 과언이 아니다. 나는 당시 세계자연유산에 대해 잘 알지 못했다. 용어도 생소했고, 그 가치도 몰랐다. 그도 그럴 것이, 그때까지 우리나라에는 세계자연유산 등재 지역이 없었다. 우리나라는 2007년이 되어서야 제주도 일부 지역이 세계자연유산에 등재됐다. 야쿠시마가 세계자연유산으로 지정된 데에는 다음과 같은 요인이 작용했다고 한다.

> 첫째, 수령 수천 년을 넘는 야쿠스기가 뛰어난 자연경관을 만들어 냈다. 둘째, 아열대(오키나와) 지역에서 아한대(홋카이도) 지역까지의 식물이 해안선에서 산 정상에 이르기까지 연속으로 분포해 있다. 즉 남북으로 길게 형성된 일본열도의 식물분포가 하나의 섬에 응축 되어 있다는 것이다. 셋째, 각지에서 급격하게 감소하고 있는 조엽수림이 원생림 상태로 보존되고 있다.

야쿠시마에서 가장 큰 마을인 미야노우라의 첫인상은 조용하고 평화로웠다. 연간 관광객 30만 명이 드나드는 항구치고는 작고 아담한 느낌이었다. 야쿠시마는 자연을 보호하기 위해 인위적인 개발을 억제하고 있다. 그래서 철도 등 공공교통수단이 거의 없다. 섬을 돌아보는 작은 버스 같은 이동 차량만 있을 뿐이다. 어쨌든 궁금한 건 역시 삼나무의 나이에 대한 것이었다.

"살아있는 조몬스기는 직접 나이테를 볼 수 없지만, 1,660년이 된 야쿠스기의 나이테는 세어 볼 수 있어요."

안내 직원의 말이 도저히 믿기지 않았다. 사실을 확인하기 위해 우리는 야쿠스기 나이테가 전시되어 있는 야쿠스기 자연관으로 향했다. 그런데 믿을 수 없는 풍경이 눈앞에 펼쳐졌다. 직원의 허풍이라고만 생각했는데, 나이테가 정말로 1,660개였다. 야쿠시마는 그렇게 내게 '경이로움'으로 다가왔다. 그 인연이 벌써 햇수로 15년이 되었다.

내가 야쿠시마 여행서 출간을 처음 생각한 건 4~5년 전부터이다. 하지만 엄두가 나지 않았다. 무엇보다 글에 대한 자신감이 없었다. 그러던 차에 지인을 통해 한 인터넷 매체에 일본 가고시마 여행 칼럼을 일 년 정도 연재하면서 어느 정도 글에 대한 두려움을 없앨 수 있었다. 그러나 여러모로 부족한 면이 있음을 알면서도 내가 이 책을 내고자 호기를 부리는 것은 오로지 야쿠시마에 대한 열정 때문이다.

야쿠시마의 농부시인이며 구도자로 살다간 야마오 산세이는 '신을 보겠다'는 일념으로 야쿠시마로 들어가 살기로 결심했다고 한다. 나는 7천2백 년된 야쿠시마의 거대한 삼나무 조몬스기를 볼 때마다 야마오 산세이가 말한 신이란 무엇인지 나 자신에게 묻고 또 묻는다.

야쿠시마 삼나무 중 수령 천 년 이상된 삼나무만을 야쿠스기(스기는 삼나무)라고 부른다. 천 년 미만은 어린 삼나무라고 부른다. 천 년을 기준으로 야쿠 삼나무와 어린 삼나무로 나눈다. 야쿠시마 숲속에서 우리들 일상의 시간은 멈춰 있는 듯하다.

'사슴 2만, 원숭이 2만, 사람 2만이 함께 살며 한달이면 35일 비가 온다'고 할 만큼 비가 많이 내리는 곳, 무엇보다 야쿠시마는 '공생과 순환'을 보여주는 생태적 보존가치가 높은 곳이다.

나는 이 책을 읽은 독자들이 푸른 이끼의 섬, 생명과 치유의 섬, 원령공주의 섬 야쿠시마를 찾아 일상에서 지친 삶을 위로받는 재충전의 시간이 되었으면 좋겠다.

끝으로 이 책을 쓰는데 여러 분의 도움을 받았다. 야쿠시마를 무대로 촬영한 다큐멘터리 〈시간의 숲〉의 송일곤 감독은 추천사까지 써 주었다. 배우 손현주, 손병호, 박용우, 다카기 리나, 강동원, 야쿠시마 현지인들, 그리고 지금까지 나와 함께 야쿠시마 트레킹을 함께한 많은 분들 덕분에 이 책을 쓸 수 있었다.

이 책에서 사진은 이재우 기자가 맡아 주었다. 글을 다듬는 과정에서도 많은 도움을 받았다. 이 기자에게 고마움을 표한다.

그리고 아내는 전체 원고를 읽고 어색한 문맥은 없는지, 오탈자는 없는지 꼼꼼하게 체크해 주었다. 그 수고로움이 더없이 고맙다.

2018년 8월
북한산 자락에서

야쿠스기랜드 산책로

어떻게 해야 할까. 주어진 환경에 순응해
서 살든가, 아니면 적극적으로 대안을 찾
아 나서는 것이다. 물론 이런 말을 늘어놓
는 나라고 뾰족한 수가 있는 것은 아니다.
하지만 난 '작은 위로'를 받는 곳이 있다.
바로, 야쿠시마다.

공생과 순환의 섬

# 야쿠시마의 성스러운 노인
## 조몬스기

전설의 나무 조몬스기(繩文杉).

수령 7천2백 살로 알려진 야쿠시마를 상징하는 삼나무다. 이 나무는 카메라의 풀샷으로 잡을 수 없을 정도로 거대하다. 주변에는 나무를 보호하기 위해 데크를 설치해 두었다. 그래서 지금은 나무를 직접 만져볼 수는 없다. 조몬스기를 가장 가까이서 볼 수 있는 전망대가 두 군데 있는데, 늘 사진 찍는 사람들로 붐빈다. 전 세계에서 이 나무를 보기 위해 찾아오는 데는 이유가 있다. 나는 이 책의 첫 페이지를 이 조몬 삼나무와 그 발견자인 이와카와 테이지(岩川貞次 당시 63세)라는 사람 이야기로 시작하려고 한다. 시간은 52년 전인 1966년 5월 28일로 거슬러 올라간다.

이와카와 테이지는 그날 몹시도 흥분돼 있었다. 마냥 들뜨고 기분이 좋았다. 저녁 무렵 집에서 반주를 한잔 곁들이면서 혼잣말로 소리쳤다. "앗따죠, 앗따죠"(あったぞ, あったぞ: '있었어, 있었단 말이야'라는 뜻)라고. 도대체 뭐가 있었다는 걸까. 또 뭐가 그를 그렇게 흥분하게 만들었을까.

조몬스기 전체모습. 높이 25.3미터 둘레 16.4미터

이와카와 테이지의 직업은 야쿠시마쵸의 관광담당 공무원이었다. 당시 야쿠시마에는 외부 관광객들이 조금씩 늘어나고 있는 상황이었다. 선착장에 관광객들이 도착하면 등산 깃발을 들고 그들을 맞이하러 가는 것이 이와카와 테이지의 주된 업무였다.

그럴 즈음, 이와카와 테이지는 마을 사냥꾼들로부터 이상한 이야기를 들었다. "야쿠시마 깊은 산속에 어른 13명이 껴안아도 다 품을 수 없는 거대한 삼나무가 살고 있다"는 것이었다. 귀가 솔깃했지만 귀담아 듣지 않았다. "어른 13명이라니, 그게 말이 돼?" 그런데 사냥꾼들뿐만 아니라, 옛날부터 마을 노인들까지 그런 이야기를 곧잘 하곤 했다. 이와카와 테이지는 마침내 귀를 열고 실체가 없는 전설의 삼나무를 찾아 나서기 시작했다.

그러기를 7년, 마침내 '앗따죠'를 외쳤다. 거대한 삼나무를 발견한 것이다. 수천 년 모습을 감춘 채 꼭꼭 숨어있던 보물이 세상 밖으로 드러나는 순간이었다. 높이 25.3미터, 둘레 16.4미터의 세계 최대급인 이 삼나무는 다카츠카다케(高塚山: 1,396미터) 남쪽 해발 1,300미터 지점에 자리잡고 있었다. 등산로에서 20여 미터 떨어진 곳에 사람의 눈을 피해 자태를 숨기고 있었던 것이다. 등산로 가까이인데도 불구하고 왜 그동안 찾지 못했을까. 아니 찾지 않았을 수도 있다. 야쿠시마 사람들은 깊은 숲을 '신의 영역'이라고 믿었기 때문이다. 그래서 차마 숲에 들어가지 못했다고 한다.

2016년 5월 3일자 아사히신문과 일본 자료들을 종합하면 '야쿠시마의 상징' 조몬스기의 발견 당시 상황은 이러했다. 아사히신문은 당시 조몬스기 발견 50주년을 재조명하는 기사를 실었다. 기사

원령공주의 섬 야쿠시마

에 따르면, 이와카와 테이지는 바위처럼 울퉁불퉁한 이 삼나무에 '오오이와스기(大岩杉)'라는 이름을 붙였다. 큰 바위 삼나무라는 뜻이다. 아사히신문은 "이와카와가 자신의 이름 중 한 글자(岩)를 나무 이름에 넣었다"고 보도했다. 이 삼나무가 바위를 닮았기도 하거니와, 이와카와 자신이 찾았다는 점을 강조하기 위해 바위 암(岩)이라는 글자를 넣었던 것이다.

"아버지는 평소 얼굴에 희로애락 같은 걸 표현하지 않으셨어요. 그런데 그 삼나무를 발견하던 날은 달랐어요. 얼굴에 환한 웃음을 지으셨죠."

당시 중학생이던 이와카와 테이지의 장남은 아사히신문에 "그날의 아버지 모습을 잊을 수 없다"고 말했다. 이와카와 테이지가 전설의 삼나무를 발견했다는 이야기는 빠르게 마을로 퍼져 나갔다. 소문은 지역 언론사에까지 전해졌다. 6개월 뒤에는 남일본신문의 기자가 취재를 왔고, 해가 바뀐 1967년 1월 1일자 신문 1면에 전설의 삼나무는 대서특필이 됐다.

당시 새해 신문은 규슈 본토에서 멀리 떨어진 야쿠시마에는 며칠 늦게 도착했다고 한다. 그러는 사이, 이와카와 테이지는 신문을 학수고대하며 기다리고 있었다. 그는 기대감을 안고 신문을 펼쳐 들었다. 신문에는 대문짝만한 삼나무 사진과 함께 '아직 살아있는 조몬시대의 봄, 추정 수령 4천 년, 싹을 틔운 것은 조몬시대'라는 제목이 붙어 있었다. 조몬시대는 일본의 선사 시대로, 신석기시대를 말한다. 기원전 1만4천 년~기원전 3백 년의 기간이다. 조몬은 토기를 장식한 새끼줄 문양에서 나온 말이다.

야쿠시마의 성스러운 노인 조몬스기

1967년 1월1일 조몬스기 발견을 대서특필한 남일본신문

　그런데 이와카와 테이지는 자신의 눈을 의심했다. 자신이 명명한 '오오이와스기'라는 이름이 '조몬스기(縄文杉)'로 바뀌어 있었기 때문이다. 정작 그를 낙담시킨 것은 따로 있었다. 남일본신문에는 발견자인 이와카와 테이지의 이름이 나와 있지 않았다.

　발견자의 처지에서 보면, 참으로 어처구니없는 일이 아닐 수 없다. 발견은 이와카와 테이지가 했는데, 생색은 신문사가 낸 셈이다. 이와카와 테이지의 심정이 어땠을까.

그는 20년을 더 살고 1983년 84세를 일기로 세상을 떠났다. '신석기시대 때부터 싹을 피웠다'는 의미에서 삼나무에 조몬스기라는 이름으로 대서특필된 남일본신문 1면은 현재 야쿠시기 자연관에 전시돼 있다.

## 7천2백 살 나이에 대한 소문과 진실

그런데 이 조몬스기의 나이를 놓고 논란이 많다. 시작은 1983년 일본 환경청(지금의 환경성)이 조몬스기의 수령에 대한 포스터 하나를 제작하면서다. 교복을 입은 여학생이 조몬스기 옆에 서 있는 사진에는 '7천2백 살입니다'라는 제목이 붙었다. 조몬스기의 나이가 그렇다는 것을 홍보한 것이다. 그럼, 이 조몬스기를 왜 7천2백 살이라고 했을까.

조몬스기에 대한 과학적인 조사를 처음 한 것은 1976년이다. 당시 규슈대학 공학부의 마나베 오다케 교수는 조몬스기의 나이를 7천2백 살로 추정했다. 그는 어떤 방식으로 나이를 계산했을까. 이에 대한 답은 야쿠시마의 자연시인이자 농부 철학자인 야마오 산세이(1938~2001)의 책 『애니미즘이라는 희망』에 나와 있다.

어떻게 7천2백 년이라는 숫자가 나왔는가 하면 윌슨 그루터기라는 수령 2, 3천년 된 삼나무의 그루터기가 있어요. 둘레가 20미터 이상 되는 커다란 그루터기인데, 이미 잘린 그 그루터기의 나이테와 둘레를 기준으로 하여 계산하면 아직 살아 있는 삼나무의 수령도 추정할 수 있다고 합니다. 그 방식으로 규슈대학의 마나베

오다케라는 분이 조몬스기의 둘레를 재서 7천2백 년이라는 숫자
를 산출해낸 겁니다.

8년 뒤인 1984년, 이번에는 가쿠슈인 대학 이학부 키고에 교수
가 수령 조사를 실시했다. 그는 부식된 내부의 목재를 방사성 탄소
연대 측정법을 이용하여 측정했다. 그 결과, 나이는 1920±150년인
것으로 나타났다. 문제는 조몬스기의 내부가 부식되고 비어 있어
채취한 샘플의 연령만으로는 삼나무 전체의 수령을 가늠할 수 없
다는 것이다. 임야청의 또 다른 조사도 이뤄졌다. 일본 임야청에서
는 방사성 탄소 연대 측정법으로 조사하니 2,170세라고 했다.

일반적으로 삼나무의 수명은 5백 년으로 알려져 있다. 야쿠시마
에 수령 천 년이 넘은 '야쿠스기'들이 많은 이유는 섬의 지질 때문
이라고 한다. 야쿠시마는 화강암이 융기한 섬이다. 그 암반 위에 얇
은 막처럼 화강암의 풍화토가 뒤덮고 있다. 토양의 영양상태가 그
만큼 빈약하다는 얘기다. 얇은 흙표면에서 생명력을 이어가는 야쿠
스기들은 일반적인 삼나무보다 성장하는데 시간이 걸렸다. 따라서
나이테가 치밀하고 단단하게 됐다. 게다가 야쿠스기는 일반 삼나
무보다 수지(樹脂)가 6배나 많다. 그래서 부패에 강하고, 벌레가 잘
붙지 않는 특성이 있다. 이런 이유로 해서 일반적인 삼나무보다 긴
생명력을 이어오고 있다.

조몬스기의 나이가 무슨 대수이겠는가. 그저 나이는 나이일 뿐
이다. 그래도 조몬스기는 7천2백 살이라는 상징성 때문에 일본 열
도에서, 해외에서 많은 등산객들을 불러들이고 있는 게 사실이다.

그런데 이 전설의 삼나무가 지금까지 벌목되지 않고 살아있는 이유
는 뭘까.

에도시대 때 도요토미 히데요시는 교토에 있는 호코지라는 사찰
을 짓기 위해 전국의 다이묘들에게 건축 자재를 구해오라고 명령했
다. 도요토미는 당시 야쿠시마 삼나무에 관심을 보이고 있었다고
한다. 사츠마번(지금의 가고시마)을 다스리던 번주에게 그런 명령이
하달된 건 당연했다. 결론부터 말하면, 조몬스기는 용케도 '목숨'
을 구했다.

일본 자료에 의하면, 조몬스기에는 목재용으로 적합한지 알아보
기 위해 벌채꾼들이 내리 찍은 도끼 자국이 있다고 한다. 이 거목은
다소 엉뚱하게도, 못생겼기 때문에 살아남았다. 소용돌이처럼 몸통
이 뒤틀리고, 표면이 울퉁불퉁해서 사찰용으로 '간택'을 받지 못한
것이다. 그러면서 조몬스기는 사람들의 눈에서 멀어졌고, 그 덕분
에 깊은 산속에서 오랜 세월 터줏대감 노릇을 할 수 있었다. '굽은
나무가 선산을 지킨다'는 우리 옛말처럼 말이다.

그런데 2006년 폭설로 내린 눈의 무게를 견디지 못해 조몬스기
가지의 일부가 부러졌다. 현재 그 가지는 '생명의 가지'라고 이름을
붙여 야쿠스기 자연관에 영구 전시하고 있다. 가지에 불과하지만
길이가 5미터, 직경 1미터, 무게가 1.2톤에 수령이 천 년이 넘는다
고 한다.

많은 사람들이 내게 묻곤 한다. "조몬스기가 정말로 그렇게 감동
적이냐"고. 솔직히 뭐라고 표현하기가 어렵다. 볼 때마다 느낌이 다
르기 때문이다. '모든 것을 어떻게 보느냐는 너 자신에게 달렸다'는

조몬스기의 표면

야쿠스기자연관에 전시되어 있는 조몬스기의 일부인 생명의 가지

말이 있지 않던가. 야마오 산세이도 조몬스기가 "버팔로처럼 보이기도 하고 인디언처럼 보이기도 한다"고 했다. 끝으로 조몬스기를 찾는 사람들에게 야마오 산세이의 다음 시를 들려주고 싶다.

성(聖)스러운 노인

야쿠시마 산 속에 한 성스러운 노인이 서 있다
그 나이 어림잡아 7천 2백 년이라네
딱딱한 껍질에 손을 대면
멀고 깊은 신성한 기운이 스며든다
성스러운 노인

조몬스기의 윗부분. 오른쪽 아래 북쪽전망대가 보인다

당신은 이 지상에 삶을 부여받은 이래 단 한마디도 하지 않고
단 한 발짝도 내딛지 않고 그곳에 서 있다
그것은 고행신 시바의 천년지복의 명상과 닮았지만
고행과도 지복과도 무관한 존재로 거기 서 있다
그저 거기 있을 뿐이다
당신의 몸에는 몇 십 그루의 다른 수목들이 자라고 당신을 대지
로 알고 있지만
당신은 그것을 자연의 섭리로 바라볼 뿐이다
당신의 딱딱한 껍질에 귀를 대고 하다못해 생명수 흐르는 소리라
도 듣고자하나
당신은 그저 거기 있을 뿐
침묵한 채 일절 말하지 않는다

# 사랑을 부르는
## 윌슨 그루터기와 부부삼나무

조몬스기를 만나러가는 길에 볼 수 있는 윌슨 그루터기. 몸통은 이미 없어지고 밑동 즉, 그루터기만 남은 이 삼나무는 청춘남녀들에게는 사진 촬영 포인트로 유명하다. 하트 사진을 스마트폰에 저장해 두면 사랑이 이루어진다는 소문이 퍼져 나가면서 전국에서 관광객들이 몰려드는 인기 여행지가 되었다.

실제로 트래킹에서 만난 몇몇 젊은 여성들은 "그런 입소문을 듣고 여기를 찾아왔다"고 내게 말했다. 하트 사진이 정말 효과가 있는지는 모르겠지만, 우연하게 만들어진 이런 스토리텔링이 미소를 짓게 한다. '사랑을 부르는' 윌슨 그루터기 이야기가 나왔으니 이를 소개 하지 않을 수 없다.

윌슨 그루터기는 아라가와 등산로를 출발한 후 3시간 정도 걸으면 만날 수 있다. 해발 천 미터 지점이다. 수령 3천 년으로 추정되는 이 그루터기를 보는 순간 거대함에 감탄사가 절로 나온다. 둘레가 약 13미터, 밑동의 지름만 4미터에 달한다. 그루터기의 속은 비어 있어서 큰 구멍을 통해 나무 속으로 들어갈 수 있다. 내부는 작은 시냇물이 흐를 정도로 넓은데, 어른 20여 명이 들어갈 공간이다. 그루터기 주위를 둘러보니 몸통이 잘려 나간 모습이 마치 앉은뱅이 신세 같아 보였다. 이 그루터기는 자신의 몸통과 언제 이별을 했을까.

일설에 의하면, 1586년 일본 열도의 지배자였던 토요토미 히데요시가 교토의 호코지라는 사찰을 지으려고 사츠마 번주에게 벌채를 명령했는데, 그때 몸통이 잘려 나갔다고 한다. 그 남은 일부가 지금의 그루터기다. 생각해 보면 이 거대한 삼나무를 베려고 수십 명의 인부들이 도끼를 휘둘렀을 것이다. 얼마나 많은 도끼질을 당했을까. 쩌렁쩌렁한 도끼질 소리는 아마 메아리가 돼 온 산을 휘감았을 듯하다. 그런 고통 뒤에 거대한 몸통은 결국 쓰러졌을 것이다.

삼나무는 스스로 그런 생각을 하지 않았을까. "그래, 사찰의 대불전을 짓는데 내 한 몸이 희생된다면 기꺼이 참아 내리라." 430여 년 전, 이 삼나무는 그렇게 부처를 위한 공양물이 됐다. 잘려 나간 나무의 흔적은 이후 320년 넘게 이름 없이 때로는 비를 맞아가며, 때로는 바람과 싸우며, 때로는 태풍을 견뎌내며 스스로를 버텨왔다. 이름 없던 이 그루터기가 '정식 이름'을 갖게 된 건 1914년 무렵이다.

그해 2월 17일, 영국 출신의 미국 식물학자인 어네스트 헨리 윌슨(1876~1930) 박사가 야쿠시마를 찾았다고 한다. 당시 하버드대 부속식물원의 원장이던 그는 중국, 대만, 일본 등 아시아의 식물채집과 연구에 열을 올리던 사람이었다. 윌슨 박사는 약 2천 종에 달하는 아시아의 식물을 유럽과 미국에 소개했고, 그 중 60여 종에

어네스트 헨리 윌슨(1876~1930) 박사

그의 이름이 붙어있다고 한다. 당초 윌슨 박사는 일본의 침엽수와 사쿠라(벚꽃) 조사를 위해 일본을 방문했는데, 첫 발을 디딘 곳이 야쿠시마였다. 당시 그는 "일본에서 가장 흥미 깊은 삼림은 민꽃식물의 자생지인 야쿠시마"라고 말했다고 한다. 식물 조사에 나선 그는 야쿠시마 숲속에서 뜻하지 않게 폭우를 만났다. 비를 피하려고 동굴을 찾았는데, 때마침 큰 구멍이 있는 곳이 보였다. 우연히도 그곳은 다름아닌 밑동만 남은 거대한 삼나무 그루터기였다고 한다.

이후 윌슨 박사는 야쿠스기를 포함한 일본의 침엽수에 관한 연구 논문을 학회에 발표했고, 그 그루터기도 전 세계에 소개됐다. 그

사랑을 부르는 윌슨 그루터기와 부부삼나무

윌슨 그루터기 입구

윌슨 그루터기 내부에서 바라 본 하트모양. 나무로 만든 작은 사당이 보인다

런 노력에 대한 고마움 때문일까. 그루터기는 윌슨이라는 이름을 붙여 '윌슨 그루터기'로 명명됐다. 야쿠시마는 여기서 한발 더 나아가 기념비와 그루터기 모형까지 만들어 윌슨 박사를 기리고 있다.

### 윌슨 그루터기 안에서 하트 사진 찍는 법

이런 사연이 있는 윌슨 그루터기에는 스토리텔링이 입혀졌다. 위에서 말한 '사랑을 부르는' 하트다. 나무속에 들어가 밑에서 하늘을 쳐다보면 하트 모양이 만들어 진다는 것이다. 하트를 찍으려면 카메라 각도를 잘 잡아야 한다. 각도를 어떻게 잡느냐에 따라 하트 모양이 되기도 하고 그냥 동그란 형태가 되기도 한다. 각도를 잡느라 좁은 공간에서 여러 사람들이 대기하기도 한다. 블로그 등에는 "혼자 너무 오래 포즈를 취하면 대기하고 있는 다른 사람들에게 민폐가 된다"는 당부의 글도 있다.

하트 모양의 사진을 찍으려면 그루터기 안에 들어가서 오른쪽으로 이동한다. 거기서 쪼그려 앉아서 위쪽으로 카메라의 방향을 잡으면서 햇빛이 들어오는 하늘을 향해 하트 모양을 찾아야 한다. 직접 해보니 그리 간단하지만은 않았다. 그루터기 속에서 밖으로 나오면서 나는 종종 이런 생각을 한다. '교토의 사찰로 가져간 몸통의 흔적을 찾아 남아있는 지금의 그루터기와 다시 만나게 해주는 건 어떨까'라고 말이다. 하지만 이미 교토의 사찰은 화재가 나 윌슨 그루터기와 비교할 수 있는 흔적이 남아 있지 않다고 한다.

윌슨 그루터기를 노래한 야마오 산세이의 시 한편을 읽어본다.

이윽고 윌슨 그루터기에 다다른다

밑동 둘레 13미터

이미 고사한 그루터기의 뚫린 구멍에 들어가면

그곳에는 작은 신사가 차려져 있고

지면으로 졸졸 물이 흐르고 있다

그 물을 한 움큼 길어 마신다

그루터기는 고사했다 해도 그 물이 있기에 그루터기는 죽지 않는다

나무의 정령을 모신 신사라고

누가 불렀는가? 그루터기에 걸린 작은 푯말이

안개비에 젖어있다

죽음은 생의 끝이 아니고 또 시작도 아니다

죽음은 안개 같은 것 비 같은 것 또 물 같은 것

숲속의 숲의 일상 그저 그런 일상

영혼 속의 영혼의 일상 그저 그런 일상

구멍의 한쪽 구석에서 비를 피해 잠시 휴식을 취한다

야자잎 모자 아래서

세 시간의 보행과 등반의 뒤끝이라 휴식이 기분 좋다

죽음이란 또 고사(枯死), 깊은 휴식 같은 것

졸졸졸 물이 흐르고 있다 (야자잎 모자 아래서23)


**두 손을 꼭 잡은 부부처럼…**

야쿠시마 등반에는 포토존이 한 군데 더 있다. 윌슨 그루터기를 지나 1시간 정도면 도착하는 곳에 부부삼나무(夫婦杉)가 있다. 사랑

을 꿈꾸는 남녀들에게 윌슨 그루터기가 신기한 포토존이라면, 사랑을 지키고 가꾸어 나가는 부부들에게는 부부삼나무가 그냥 지나칠 수 없는 포토존이다. 가끔 부부삼나무 앞에서 다정하게 포즈를 취한 커플들을 만날 수가 있는데, 더없이 다정해 보여 좋았다. 때론 손가락으로 손하트를 보내거나, 머리 위로 큰 하트를 그리는 커플도 종종 보인다.

부부삼나무는 후후스기 또는 메오토스기라고 불린다. 나무 가지가 서로 연결돼 자라는 '연리지'의 형태다. 부부처럼 서로가 한 몸인 연리지는 부부간, 남녀간의 사랑을 이야기할 때 종종 비유 된다. 한국에선 소나무 연리지를 종종 볼 수 있지만 삼나무 연리지는 보기 어렵다. 후후스기는 두 나무가 마치 손을 잡고 있는 듯하다. 일본 등반 가이드는 이렇게 말했다.


"남편 삼나무 수령은 2천 년, 아내 삼나무는 천5백 년으로 추정하고 있습니다. 만약 아내 나무가 메말라 죽으면 남편 나무가 영양분을 전해줄 수 있다고 들었습니다. 신기하지 않습니까. 부부가 서로 사랑을 주고받는 것과 닮았죠."


나이로 따져 보자면, 3미터 정도 떨어진 부부 삼나무가 서로 손을 맞잡는데 5백 년이 걸렸다는 얘기가 된다. 그 긴 세월에 절로 고개가 숙여진다. 일본 본토에서, 한국에서, 더 멀리 유럽 등 외국에서 사람들이 야쿠시마로 가는 이유는 조몬스기를 보기 위해서다. 조몬스기가 야쿠시마 여행의 주연인 것이다. 하지만 커플로 오는 사람

부부삼나무 - 오른쪽이 남편 왼쪽이 부인 삼나무로 불린다.

들에게 조몬스기는 아마도 조연으로 밀려나지 않을까라는 생각도
든다. 그들의 주연은 윌슨 그루터기나 부부삼나무가 될 수도 있다.
그리고 이름 없는 수많은 삼나무들은 엑스트라일 것이다.

윌슨 그루터기에서 하트 사진을 찍은 후 사랑을 이루고 결혼한
사람이 함께 부부삼나무에서 다시 영원한 사랑을 약속한다면 더없
이 의미 있는 일이 되지 않을까. 이번에도 야마오 산세이의 부부삼
나무에 대한 시를 읽어보자.

> 숲속의 거대한 삼나무 부부
> 몇 천 년을 말없이 오로지 손을 맞잡고 서 있는 정령
> 이곳은 검은 솔송나무 숲이기도 하지만 야쿠스기(屋久杉)의 숲이
> 었다
> 부부에게 행복 있기를 남신과 여신의 손잡음에 행복 있기를
> 원초적 모습에 행복 있기를 (야자잎 모자 아래서24 중에서)

# 삶을 치유하는
# 파워스폿

## 치유의 섬 그리고 생명의 섬

몸은 지쳐 있고 마음은 찌들어 있는 게 도시 생활인들의 공통된 모습이다. '피로 사회'라는 말은 일상어가 된지 오래다. 게다가 하루가 멀다 하고 나타나는 미세먼지는 우리 건강을 심각하게 해치고 있다. 어떻게 해야 할까. 주어진 환경에 순응해서 살든가, 아니면 적극적으로 대안을 찾아 나서는 것이다. 물론 이런 말을 늘어놓는 나라고 뾰족한 수가 있는 것은 아니다. 하지만 난 '작은 위로'를 받는 곳이 있다. 바로, 야쿠시마다.

사람들은 야쿠시마를 '생명의 섬'이라고 곧잘 부른다. 맞다. 하지만 나는 여기서 한 걸음 더 나아가 '치유의 섬'이라고 부르고 싶다. 야쿠시마에 가면 몸과 마음에 여유가 생기고 치유를 받는 기분이 든다. 한국이라고 이런 공간이 없는 것은 아니지만, 내가 자주 다니는 야쿠시마는 내겐 '거대한 공기청정기'이자 '심오한 영적 공간'이기도 하다.

일본 사람들은 이런 곳을 '파워스폿'이라고 부른다. 삶의 힘을 주고 좋은 기운을 받고 치유를 하는 장소(spot)라는 것이다. 야쿠시마는 섬 전체가 파워스폿이라고 해도 지나친 말이 아니다. 현지에서는 ①조몬스기 ②월슨 그루터기 ③시라타니운스이 계곡(白谷雲水峽) ④미야노우라다케(宮之浦岳) ⑤야쿠스기랜드 ⑥서부임도(西部林道) ⑦오오코 폭포(大川の滝) ⑧센삐로 폭포(千尋の滝) ⑨나가타이나카하마 해변 ⑩히라우치 해중온천(平内海中温泉) 등 10군데 정도를 파워스폿으로 꼽고 있다.

일본에서는 치유를 '이야시'(癒し)라고 표현하는데, 참고로 이야시케이(癒し系)라는 말이 있다. 이는 '사람에게 치유와 힐링을 주는 모든 것'을 통칭한다. 예를 들면 드라마를 좋아하는 사람에게는 배우와 탤런트가 이야시케이가 될 수도 있고, 개와 고양이를 좋아하는 사람에게는 애완동물이 이와시케이가 될 수 있을 것이다. 내겐 어떨까. 당연히 야쿠시마의 깊고 푸르고 넓은 숲이 내 이야시케이다.

나는 실제로 치유를 목적으로 기공수련을 하는 모임을 야쿠시마로 안내한 적이 있다. 2016년 여름의 일이었다.

"선배님, 야쿠시마를 방문하려는 단체가 있는데 야쿠시마에 정통한 가이드를 구한다고 합니다."

부산에서 일하는 일본전문 여행사 후배의 전화였다.

"무슨 일로 가는데 정통한 가이드까지 섭외하는 거지?"

"잘 모르겠습니다만 무슨 기공을 연마하는 분들이라고 들었어요."

나는 그렇게 생전 처음 특이한 경험을 하게 되었다. "멀리 야쿠

시라타니운스이 계곡 산책로

시마까지 기 수련을 가는 사람들도 있구나"라며 나는 잠시 놀랐었다. 일정은 3박 4일, 방문 장소 모두가 좋은 기(氣)가 많이 나오는 곳이라고 한다. 주로 해안과 폭포였다. 위에서 말한 10가지 파워스폿 중 야쿠스기랜드, 서부임도, 오오코 폭포, 센삐로 폭포, 나가타 이나카하마, 히라우치 해중온천이 포함돼 있다.

첫날은 야쿠시마에 도착해 미야노우라항구 앞의 바닷가를 간단히 둘러보고 미야노우라항 근처의 숙소에 짐을 풀었다. 이어 항구 근처의 작은 공원에서 기공체조를 하면서 하루를 마무리했다. 첫날 일정을 무사히 마쳤다는 안도감도 잠시, 버스회사 담당자로부터 전화가 왔다.

### 새벽 4시에 버스를 '콜'한 이유

"조상~, 내일 버스 기사님께 새벽 4시까지 오라고 했다면서요. 그건 무리입니다. 갑자기 시간을 변경하면 기사 배정에도 차질이 있고, 무엇보다도 노동조합에서 항의를 받아요."

평소보다 1시간 빠르게 기사를 '콜'한 것은 수련회의 요청 때문이었던 것 같다. '기가 좋은 장소의 조건 중 하나는 기 변화의 흐름이 적은 곳'이라고 한다. 따라서 '해 뜨기 전후가 하루 중 기 흐름의 변화가 가장 적은 시간대'라는 것이다. 그 시간대에 맞추려 했던 것이다.

나는 거듭 부탁했다.

"내일 첫 일정은 센삐로 폭포로 정해졌는데, 새벽 5시까지는 도착해야 합니다."

"네? 그러면 새벽 4시에는 숙소를 출발해야 하는데요."

버스 회사 담당자가 놀라서 되물었다.

숙소에서 센삐로 폭포까지는 서둘러도 1시간 거리였다.

버스 기사와는 이야기가 잘 돼서 그렇게 갑자기 시간을 변경했는데, 버스 회사에서는 수용하기 어렵다고 했다. 나는 수련 단체의 성격과 목적을 다시 한 번 설명하고 버스 회사 담당자를 설득했다. 하지만 그도 회사의 규정을 어기면서까지 변경할 수는 없다고 했다. "5시 배차는 정상근무지만 4시 배차는 특근에 해당돼서 고려 사항이 많아진다"는 것이다.

여러 차례 통화 후에 결국에는 공식적으로는 5시에 배차하는 것으로 합의를 봤다. 버스기사가 개인적으로 좀 이른 시간에 오는 걸로 마무리했다. 협조해준 기사 덕분에 예정대로 새벽 4시에 숙소를 출발할 수 있었다. 모임은 첫 장소인 센삐로 폭포(千尋の滝)에서 2시간 가량 기공수련을 했다. 이 폭포는 왼쪽편에 있는 화강암 한 덩어리의 크기가 사람 천 명이 팔을 벌려 연결한 것과 같다고 해서 그런 이름이 붙었다. 그만큼 크고 장엄하다. 이런 곳에서는 아마도 기가 많이 흐를 것 같다는 생각도 들었다. 수련 후 근처 전망대에서 도시락으로 아침식사를 해결했다.

야쿠시마의 지형은 거의 원형에 가까워서 위치를 가리킬 때 시계 문자판으로 표현을 하곤 한다. 센삐로 폭포는 시계 문자판에서 5시에 해당한다. 그렇게 남서방향으로 해안을 따라서 우리는 이동했다. 다음 장소는 히라우치 해안이다. 이곳엔 신기한 온천이 있다. 밀물 때는 없다가 썰물이 되면 바다에 온천이 생긴다. 그래서 이름

센삐로(千尋) 폭포

오오코 폭포

히라우치 해중온천

서부임도에서 만나게 되는 사슴들

도 해중온천(海中溫泉)이다. 정식으로는 히라우치 해중온천이라고
말한다.

　이어 오오코 폭포(大川の滝)라는 폭포로 이동했다. 한자로 大川이
라고 쓰고 '오오코'(おおこ)라고 읽는다. 일반적인 표기와는 차이가
난다. 이 폭포는 '일본 100대 폭포'에 선정되었는데, 88미터의 낙차
가 호쾌함을 자랑한다. 이후 세계자연유산 등재지역 중 차량으로 통
행이 가능한 유일한 지역인 서부임도(西部林道)를 통과했다. 일주도
로 중 아직 넓히지 않고 남아있는 임도로 원숭이, 사슴들을 볼 수 있
는 곳으로 유명하다.

　셋째 날은 숙소에서 아침식사를 한 뒤 야쿠스기랜드로 향했다.
등산로가 아니면서도 삼나무들을 많이 볼 수 있는 곳이다. 돌아보

원령공주의 섬 야쿠시마

는 데는 30분, 50분, 80분, 150분의 4가지 코스가 있다. 코스를 걷고 난 뒤 요도가와 등산로로 갔다. 등산로 입구에서 조금 올라간 곳에 모두들 자리를 잡고 기공수련에 들어갔다. 내게도 지도하는 분이 수련을 권했다. 나는 거절하지 못하고 얼떨결에 한 자리를 차지했다. 검정색 옷을 입고 수련하는 사람들이 신기했는지, 일본인 등산객들이 놀란 표정으로 쳐다보았다.

나는 3박 4일간의 기공 수련을 흥미롭게 지켜보았다. 신기하기도 했지만 무엇보다 지금까지의 야쿠시마 방문과는 다른 경험이라 왠지 내 몸도 더 좋아졌을 거라는 생각마저 들었다. 조금 더 덧붙이자면, 센삐로 폭포에 가면 푸른 눈의 이방인을 만날 수 있다. 기념품 판매점 입구에 좌판대를 차린 프랑스인 부드라 씨다. 그는 열쇠고리 등 작은 삼나무 기념품을 만들어 관광객들에게 판다. 놀랍게도 부드라씨는 일본어를 유창하게 구사했다. 그는 "야쿠시마에 26년째 살고 있다"고 했다. 1972년 도쿄에 와서 줄곧 살다가 이곳으로 이주했다고 한다.

센삐로 폭포에서 내려오면 도로변에 작은 놀이 시설 한 곳을 발견하게 된다. 짚라인(Zipline)과 공중걷기를 즐길 수 있는 '야쿠시마 캐노피'다. 몸에 로프를 묶고 나무 위를 걷다보면 짜릿함 속으로 빠져들 수 있다.

# 이나카하마 해변의 바다거북

야쿠시마는 일본 제1의 바다거북 산란지다. 바다거북은 일본어로 '우미가메'(ウミガメ)라고 한다. 일본 근해에서는 다섯 종류의 바다거북이 서식하고 있는 것으로 알려져 있다. 그 중 일본 해안에 산란을 한 기록이 있는 것으로는 아카우미가메(アカウミガメ:붉은바다거북) 아오우미가메(アオウミガメ: 푸른바다거북) 타이마이(タイマイ) 3종이라고 한다. 이름이 생소한 타이마이는 주로 산호초 인근에 서식하는 바다거북으로 등딱지가 아름다운 것이 특징이다. 야쿠시마는 특히 붉은바다거북인 아카우미가메의 산란지로 이름이 나 있는데, 나가타이나카하마(永田いなか浜)라는 해변이 그곳이다. 나가타이나카하마는 줄여서 이나카하마라고 부른다. 이 해변은 우리에게 낯설지만은 않다. 한국에서 치료받은 바다거북과 연관이 있기 때문이다.

2012년 6월, 우리나라 거제도 동쪽 이수도라는 섬에 국제적 멸종 위기종인 푸른바다거북이 한 마리가 정치망에 걸렸다. 어민의 신고를 받고 구조에 나선 곳은 부산 아쿠아리움이었다. 이 거북이는 발견 당시 등갑이 깨져 피가 나고 기력이 쇠해서 해조류를 먹지 못하는 상태였다고 한다. 몸길이 75센티미터의 아직 성숙이 덜 된 암컷(10~15살)으로, 치료를 해 바다로 돌려보내는데 1년 4개월이 걸렸다.

부산 아쿠아리움은 2013년 10월 7일 해운대 바다에서 이 거북이를 방류했다. 그러면서 등껍질에 위치 추적 장치를 달았다. 12월 초 중국 상하이 인근에서 추적 신호가 잡히더니, 12월 27일에는 가고시마 남쪽 야쿠시마 연안에서 확인됐다. 방류 뒤 65일 동안 총 2,047킬로미터, 하루 평균 31.5킬로미터를 이동한 것이다.

고향 회귀 본능이 있는 거북이가 찾아간 곳은 태어난 바닷가인 야쿠시마의 이나카하마로 추정된다. 거북이가 야쿠시마 해안에 도착했을 시기인 2013년 6월, 나는 고객들을 데리고 바다거북이 알을 낳는 현장인 이나카하마에 갔었다. 10시간의 빗속 산악트레킹이 끝나고 난 뒤, 밤 11시에 시작되는 야간투어라서 걱정도 많이 되었다. 고객들이 대부분 지칠대로 지쳐 있었기 때문이다. 하지만 거북이 산란 장면은 평생에 한 번 볼까말까 한 희귀한 경험이다. 그래서인지 한 사람도 빠지지 않고 이나카하마로 바다거북이 투어에 나섰다.

이나카하마는 야쿠시마에서 몇 안되는 모래해변으로, 일본을 넘어 북태평양 최대의 바다거북산란지로 알려져 있다. 또 귀중한 습지로서 람사르조약에도 등록돼 있는 곳이다. 이나카하마의 모래는 화강암이 부서진 금색 결정체의 알갱이 모래다. 그래서 맨발로 걸어도 발에 모래가 달라붙지 않고, 손으로 털어도 금방 떨어진다. 이

나가타이나카하마 해변 – 일본 최대의 바다거북 산란지

런 알갱이 모래가 거북 산란에 적당하다고 한다. 해변은 1킬로미터 가량 펼쳐져 장관을 이룬다.

바다거북의 산란 장면을 보려면 '야쿠시마 바다거북관찰회'에 사전 예약을 해야 한다. 관찰회는 '바다거북 관찰룰'까지 만들어 보호에 나서고 있다. 그 룰에 의하면, 산란기에는 바다거북관찰회 이외에는 밤시간에 해변에 들어갈 수 없다. 빛에 민감한 바다거북이 놀라지 않도록 스텝의 안내에 따라야 하고 사진 촬영도 하지 못한다. 산란 관찰지인 이나카하마 해변에 도착하니, 주의사항을 적은 안내판이 먼저 눈에 띄었다.

관찰에 앞서, 바다거북 자료 전시관으로 갔다. 산란에 대한 예비지식을 비디오를 통해 배운 후 주의사항을 들었다. 자료전시관에서 1시간 정도 대기를 하고 있던 중 마침내 모래사장에서 잠복하고 있던 직원한테서 무전연락이 왔다. 우리 일행은 먼저 와 있던 일본인 관광객들과 함께 모래사장으로 내려가서 생명이 탄생하는 신성한 현장을 볼 수가 있었다. 참으로 감동스러운 순간이었다.

### 아기거북의 힘겨운 싸움

붉은바다거북이 산란을 위해 해변에 상륙하기 시작하는 것은 5월부터다. 6월부터 7월 중순에 걸쳐 산란이 피크를 맞는다. 산란은 8월 중순까지 이어진다. 절정기에는 1미터 이상 되는 거북을 하룻밤에 20마리 이상 볼 수도 있다고 한다. 거북이 올라오는 시간대는 저녁 9시부터 새벽 3시다. 거북은 해변을 돌며 산란에 적당한 장소를 물색한다. 다음엔 몸을 넣을 정도의 큰 구멍을 판다. 이후 계속

해서 알을 낳을 공간을 확보해 나간다. 거기서 탁구공 크기의 흰 알을 낳는다. 산란 시간은 약 1시간. 100~140개의 알을 낳는다. 바다거북 알은 모래 속에서 태양의 빛과 지면의 열로 따뜻해져서 60일 정도가 지나면 부화한다. 어미 바다거북은 산란 후 재치있게 모래를 덮고 천천히 물가로 돌아간다. 7월 후반부터 9월에는 알에서 나온 어린 거북이 바다로 나가는 모습을 볼 수 있다. 하지만 천 개의 알이 있다면, 어른 거북이가 되는 것은 한 마리에 불과하다고 한다.

그런데 '바다거북은 산란을 할 때 눈물을 흘린다'는 이야기가 있다. 혹시 모성애 때문일까. 아니면 산고의 고통 때문일까. 사실 이는 실제 눈물이 아니라 염분을 함유하고 있는 점액이라고 한다. 바다거북은 바다에서 헤엄치거나 먹이를 먹을 때 다량의 염분을 빨아들인다. 몸에 쌓인 필요 없는 염분을 배출하는 염선(塩線)이라는 기관이 안구 쪽에 있다고 한다. 그러니 산란 때 바다거북이 눈물을 흘리는 것은 몸의 염분 농도를 조절하는 현상인 것이다.

신기한건 이뿐 아니다. "구멍을 판 모래의 온도가 29.7도를 넘으면 암컷이 되고, 그 이하이면 수컷이 된다고 한다"는 것이다. 이게 무슨 말인가. 부화되는 온도에 따라 암수 성비가 갈린다니. 그렇다. 바다거북은 암수를 결정하는 X, Y 염색체를 가지고 있지 않다. 자료를 좀 더 찾아보기로 했다.

저명한 야생동물 매체인 더 와일드라이프 소사이어티는 2015년 12월 22일 "미국 샌디에이고 만의 푸른바다거북의 성비가 깨지고 있다"는 내용을 담은 기사를 보도한 바 있다. 미국 국립해양대기국(NOAA) 연구팀이 실시한 푸른바다거북의 성비에 대한 연구결과를

인용, 보도한 것이다. 연구팀에 따르면, 바다거북의 성비 차이가 큰 불균형을 이루고 있는데, 성장기 바다거북의 경우 78%가 암컷인 것으로 나타났다. 특이하게도 바다 수온이 올라가면 암컷이 많이 태어나고, 수온이 내려가면 수컷이 많이 생긴다고 한다.

당시 연구에 참가한 캠린 알렌(Camryn Allen) 박사는 "바다거북의 성은 알의 발생 환경인 인큐베이터의 온도에 의해 좌우된다. 아마도 기후 변화가 영향을 미치는 것으로 보인다"고 말했다. 인큐베이터의 온도는 달리 말하면, 부화기 해변의 모래 온도를 말한다. 해변의 모레 온도가 높으면 높을수록 암컷이 많이 태어나고 상대적으로 온도가 낮으면 낮을수록 수컷이 많이 태어난다는 얘기다.

### 기후 변화에 위협받는 거북이의 '성비'

야쿠시마 퍼스널에코투어에 의하면, 바다의 온도가 비정상적으로 올라가면 바다거북이 산란을 위해 상륙 시기를 앞당기기도 한다고 한다. 통상 5월부터 해변에 상륙하지만 이보다 한 달 앞서 4월부터 나오기도 한다는 것이다. 이유는 수컷과 암컷수를 조절하기 위해서다. 이 시기에 낳은 알은 수컷이 되고, 6월 이후에 낳은 알은 암컷이 된다는 것. 신기하게도 어미 바다거북이 환경의 변화에 적응하고 있다고 봐야 할 것 같다. 하지만 기후변화의 큰 흐름을 바꿀 수는 없다. 미국 국립해양대기국은 "적절한 대비책이 없으면 10~15년 정도 뒤에는 바다거북의 성비가 완전히 깨질 수 있다"고 밝혔다. 수컷 바다거북을 더이상 찾아보기 어려운 날이 온다는 경고다. 기후변화가 바다거북이의 생존을 넘어 멸종을 초래한다고 하

나가타이나카하마 – 바다거북의 최대산란지임을 알려 주는 조형물

니 씁쓸할 따름이다.

  그런데 그날 우리들의 산란투어는 조용하게 넘어가지 않았다. 작은 소동이 벌어진 것이다. 일행 중 언론사에서 오신 분이 있었는데 사진을 찍기 시작했기 때문이다. 그러자 주위에 있던 일본인 관광객들이 "왜 주의사항을 지키지 않느냐"며 사진을 찍고 있던 우리 일행을 몰아 세웠다. 보도를 전제로 해서 사전에 사진촬영 허가를 받았지만 우리 일행은 적잖이 당황했다. 이를 보던 안내 담당자가 우리 일행만을 따로 불러서 좀 떨어진 곳에서 산란중인 바다거북을 관찰하도록 해 주었다. 그제서야 우리도 자유롭게 사진도 찍고 여유롭게 산란장면을 관찰할 수 있었다.

12시가 훨씬 넘어서야 우리는 다시 버스를 타고 숙소로 돌아왔다. 일행들은 "몸은 힘들지만 정말 진귀하고 신성한 현장을 직접 볼 수 있어서 좋았다"는 반응이었다. 나야말로 정말로 다행이라고 생각하면서 마음을 쓸어 내렸다. 경우에 따라서는 바다거북이 상륙하지 않는 날도 있고, 상륙을 하더라도 산란을 하지 못하고 다시 바다로 돌아가 버릴 때도 있기 때문이다.

나는 야쿠시마를 오가면서 이 근처 바다 속에 용궁이 있지나 않았을까 생각하곤 한다. 이나카하마가 현재의 바다거북 산란지이고, 과거에는 이브스키(가고시마현의 작은 도시)의 나가사키바나 근처 바닷가도 산란지로 유명했다고 한다. 거기다 이브스키에는 용궁신사가 있다. 시골 바닷가 마을의 작은 규모의 신사이지만 그 지명도만큼은 전국의 다른 유명한 신사에 뒤지지 않는다고 한다.

우리나라 사람들에겐 용궁과 관련한 친숙한 이야기로 별주부전이 있다. 일본에도 비슷한 거북이와 용궁에 관련된 설화가 있는데 바로 '우라시마타로(浦島太郎)다. 일본에서는 모르는 사람이 없을 정도로 알려진 설화다. 설화의 내용은 다음과 같다.

옛날에 우라시마타로라는 어부가 바닷가를 거닐다가 거북을 괴롭히고 있는 아이들을 보게 된다. 이에 우라시마타로가 거북이를 구해서 바다로 돌려 보내주는데, 거북은 그 보답으로 용궁으로 초대를 한다. 거북은 용궁의 공주였다. 용궁 공주는 우라시마타로를 극진히 환대한다. 즐거운 시간을 보내던 우라시마타로는 문득 고향에 두고 온 가족들이 생각나서 용궁공주에게 고향으로 돌아갈 뜻을 전달한다. 공주는 만류를 해보았지만 생각을 돌릴 수 없다는 것을 알고 상자(玉手箱:타마테바코)를 하나 건네면서 절대 열어보면 안 된다고 당부한다. 마침내 우라시마타로는 고향에 돌아왔지만 옛 모습은 찾을 길이 없고 아는 사람도 보이지 않자 낙담을 하게 된다. 이에 용궁에서 받아 온 상자의 뚜껑을 열어 보는데 그 속에서 흰 연기가 나면서 우라시마타로는 백발의 노인으로 변해버린다. 용궁에서의 짧은 시간이 육지에서는 상당히 긴 세월이었던 것이다.

이런 용궁 설화를 떠올리면서 나는 오늘도 쾌속선을 타고 야쿠시마로 들어간다. 용궁의 공주를 만나고 싶다는 동심을 안고서 말이다.

## 바다거북 이외의 야쿠시마의 동물들

야쿠시마는 지리적으로 독특한 동물군을 형성하고 있다. 포유류의 경우, 열도에서 흔히 볼 수 있는 멧돼지, 산토끼, 여우, 너구리 등은 분포하지 않는다. 한마디로 빈약한 동물군이라고 할 수 있다. 특히 야쿠시마원숭이(야쿠사루)는 일본원숭이의 아류로서 일본원숭이의 남방한계선이다. 아울러 야쿠시마사슴(야쿠시카)도 야쿠사루와 함께 유명하다. 영장류 연구로 유명한 교토대 '영장류 연구소' 분소가 야쿠시마에 있다.

시라타니운수이 계곡

여유를 느끼며 걷다 삼나무에 붙어
있는 이끼를 찬찬히 만져 보았다. 이
끼에 묻은 빗방울을 툭치는 순간,
햇볕이 쏟아지면서 빗방울이 마치
거짓말처럼 초록빛을 띠었다. 초록
비였다.

야쿠시마로 맺은 인연

# 일본 아줌마 팬을 울린
## 스타 손현주 씨

　이와사키그룹에 입사한 후 야쿠시마를 한국에 소개하려고 했지만 초기엔 막막했다. 분명 야쿠시마는 한국인들에게 신천지와도 같은 곳이었다. 하지만 영업 풋내기인 나는 제대로 된 방법을 찾지 못했고 시간만 보내면서 허둥지둥하고 있었다. 그럴 즈음 모월간지 기자가 구세주처럼 다가왔다. 그와는 이미 인연이 있었다. 2004년 한일정상 회담을 계기로 언론사를 대상으로 한 '야쿠시마 초청 투어'때 그가 참가했었다. 우리는 이태원 근처 삼계탕집에서 식사를 하며 반주를 몇 잔씩 했다. 술이 들어가면서 나는 자연스레 고민을 털어놓았다.

　"어떻게 하면 야쿠시마를 한국 여행자들에게 잘 알릴 수 있을까요?"

　"한국의 명사들을 초청해 등산 투어를 해보면 어떨까요?"

　귀가 솔깃했다. 그가 말을 이었다.

　"야쿠시마의 숲이 잘 보존되어 있고 7천2백 년 된 삼나무 조몬스기가 있으니 먹힐 것도 같은데요."

"좋은 생각이긴 한데, 명사들을 어떻게 초청하죠?"

내가 머뭇거리듯 말하자, 기자가 천군만마 같은 말로 화답했다.

"혹시 제가 취재하면서 만난 분들 중에 등산이나 트레킹에 관심 있는 분들이 계신지 찾아볼게요."

"그렇게 해 주신다면 정말 큰 도움이 될 것 같네요."

이 날의 점심 식사는 야쿠시마에 대한 가능성을 보여주었고, 나는 기대를 안고 자리를 떴다. 나를 도와주겠다던 기자의 말은 허언이 아니었다. 그 후 그는 적극적으로 야쿠시마 트레킹에 참가할 사람을 소개해줬다.

### 배우 손현주 씨와의 만남

마침내 야쿠시마로 트레킹을 가게 되었다. 참가자 명단에는 과연 유명인이 포함돼 있었다. 푸근한 인상의 중견 탤런트 손현주 씨였다. 그는 동료 연예인들 사이에 등반대장으로 통한다고 한다. 손현주 씨 외에 여성 월간지 기자, 방송사 PD, 산악잡지 기자, 전문 산악인 등으로 멤버가 꾸려졌다. 모든 비용은 내가 당시 소속돼 있던 이와사키그룹에서 부담하는 조건이었다.

투어 출발 며칠 전, 이와사키그룹 담당 임원이 영업차 서울로 출장을 오게 되었다. 그런데 이 소식을 들은 손현주 씨가 뜻밖에 연락을 해왔다. "출발 전에 미리 인사도 나눌 겸 점심식사를 대접하고 싶다"는 것이었다. 손현주 씨가 고맙기도 하거니와, 나 역시 임원에게 면이 서는 좋은 기회였다. 배우를 직접 만난다는 사실에 가벼운 흥분과 긴장감도 들었다.

가고시마항에서 바라본 야쿠시마행 쾌속선 - 뒤로 가고시마의 상징인 사쿠라지마 화산섬이 보인다

　　여의도의 어느 식당. 손현주 씨 일행이 먼저 와서 우리를 기다리
고 있었다. 어떻게 인사말을 할지 잠시 머뭇거리는 가운데, 손현주
씨가 먼저 깍듯하게 인사를 하였다. 손현주 씨의 예의는 상당히 신
선하게 다가왔다. 나의 연예인에 대한 선입견이 깨진 것이다. 첫 만
남인데도 분위기는 화기애애했다.  그의 별명이 뚝배기라는 말을
들었다. 뚝배기처럼 소박하고 한결같아 보이는 손현주 씨와의 산행
이 기대되었다.

## 팬과 사진 촬영 위해 옷 갈아 입는 배려

며칠 후, 우리 일행은 인천공항에서 가고시마행 여객기에 몸을 실었다. 가고시마 공항에 도착한 뒤에는 차량으로 야쿠시마로 가는 고속선 터미널로 이동해 토피라는 쾌속선을  탔다. 가고시마에서  야쿠시마까지는 약 2시간 정도 걸렸다.

그리고 그날 저녁 조몬스기 등산 계획에 대해 이야기를 나누고 있는데, 호텔 예약 과장인 마에야마 씨한테 전화가 걸려 왔다. 그와는 나이가 비슷해 입사 이후 친하게 지내오던 터였다.

"조상, 제 아내가 한류 팬인 것 아시죠?"

"알고 있죠."

"오늘 손현주 씨가 야쿠시마에 왔다는 이야기를 들었는데, 맞나요?"

"아, 네 지금 내일 등산에 대해 의논중입니다."

그가 머뭇거리며 부탁을 해왔다.

"아내가 드라마에서 손현주 씨를 본 적이 있다고 하는데, 결례인 줄 알지만 기념사진을 찍고 싶어해요. 한번 물어봐 줄 수 있어요?"

일행들 모두가 전화 내용이 궁금한지, 나를 쳐다보고 있었다. 손현주 씨가 사진 촬영에 응해줄지 살짝 걱정이 됐다. 머뭇거리다 그에게 말을 꺼냈다. 이야기를 들은 손씨의 반응은 뜻밖이었다.

"그렇습니까? 사진 찍고 싶다는 얘기는 저로서도 고맙고 반가운 일이죠."

그 말을 듣자 걱정스럽던 내 마음도 가벼워졌다.

"그런데, 지금 복장이 좀 그러니 갈아입고 와도 되겠죠?"

일본 아줌마 팬을 울린 스타 손현주 씨

그때 손현주 씨를 비롯한 우리 일행은 대부분 편한 반바지 차림이었다. 손현주 씨가 일본 여성을 위해 복장 배려까지 한 것이다. 그는 옷을 갈아 입기 위해 방으로 갔다. 잠시 후 깔끔한 차림새로 나타났다. 마에야마 과장 부인의 입이 귀에 걸린 것은 당연했다. 손현주 씨는 함께 사진을 찍고 조그마한 선물까지 했다. 그 부인은 감동을 받았는지, 울음이라도 터트릴 기세였다. 그런데 우리 일행은 궁금한 게 하나 있었다.

"어떻게 이 야쿠시마 시골 마을에서 손현주 씨를 알아보고 사진 촬영까지 부탁했을까요?"

손현주 씨가 겸손하게 웃으며 맞장구쳤다.

"그러게요. 제가 일본에까지 알려질 만한 한류 스타는 아닌데."

다들 궁금한 표정을 지었다.

"지금 가고시마 지역 방송국에서 욘사마가 출연했던 한국 드라마를 방송중인데, 거기에 손현주 씨도 나와요."

한국에서는 오래 전에 방송됐는데, 이곳에서는 뒤늦게 방송을 타고 있었던 것이다. 이 말에, 모두들 궁금증이 풀렸다는 듯 한바탕 웃음을 터트렸다. 우리 일행은 뿌듯한 마음이 들었다. 특히나 사진 촬영을 위해 옷까지 갈아입고 온 손현주 씨는 진정 프로였다. 한국 연예인의 좋은 모습이 야쿠시마의 여성팬에게 전해져 흐뭇했다.

다음날 새벽 5시 30분 각자 도시락 2개씩 챙겨들고 조몬스기를 만나러 숙소를 나섰다. 그런데 비가 오고 있었다. 어렵게 잡은 일정인지라, 비가 온다고 포기할 수는 없었다. 우리는 예정대로 조몬스기 등산로 입구인 아라가와로 향했다.

시라타니운스이 계곡 구름다리

# 배우 손병호 씨와 함께 오른
야쿠시마 최고봉

　연예인과의 인상적이었던 만남은 또 있다. 손현주 씨에 이어 같은 손씨 성을 가진 연예인인데, 중견배우 손병호 씨다. KBS TV 〈영상앨범 산〉이라는 프로그램을 현지 촬영하기 위해서였다. 공항에서 손병호 씨를 처음 만났을 때 솔직히 긴장을 했던 게 사실이다. 영화와 TV에서 주로 악역을 많이 맡았던 인상 때문이었을 것이다. 하지만 긴장은 오래 가지 않았다. 긴 퍼머머리를 한 그는 굉장히 부드럽고 밝은 성격이었다. 또한 그는 등반 내내 특유의 입담을 자랑해 나까지 기분이 좋아졌다.

　가고시마 여객선 터미널에서 우리는 쾌속선 토피를 타고 야쿠시마로 향했다. 둘이 나란히 앉아 지도를 펴놓고 손병호 씨에게 야쿠시마에 대해 설명해줬다. 그러고 나서 우리는 촬영을 위한 양해를 구한 후 배를 운전하는 조타실로 들어갔다. 선장 에타 씨는 우리에게 "야쿠시마는 대체로 비구름이 끼어있는 상태가 많다"며 "섬 전체가 보이는 날이 일 년에 며칠도 안 된다"고 말했다. 이날도 날씨는 흐려서 멀리서 섬이 뿌옇게 보였다. 옆에 있던 손병호 씨는 배안에서 야쿠시마를 바라보며 "뭔가 신비로워요. 망망대해에서 뭔가 희미하게 나타나는 게 말이죠"라고 말했다.

야쿠시마에 내려 우리를 안내할 가이드와 만났다. 사이토라는 가이드다. 첫날 머리에 두건을 쓴 손병호 씨는 가이드와 함께 '파이팅'을 외쳤다. 손병호 씨는 등산 동호회에서 활동하는데, 월요일 마다 산에 오른다고 했다. "회원이 50여 명으로 서울 근교 산을 자주 간다"며 "학창시절 지리산 종주를 한 경험이 지금까지 꾸준하게 등산을 하는 계기가 되었다"고 말했다.

해발 1,600미터에 조성된 고원습지인 하나노에고를 지나 해발 1,867미터의 구리오다케에 이르렀을 때 갑자기 눈발이 날리기 시작했다.

우리 일행은 신다카츠카산장에서 하룻밤을 묵고 다음날은 삼림철도를 따라 산행을 이어갔다. 다행히 비는 내리지 않았다. 손병호 씨는 넓은 챙모자를 썼다. 한참 철길 위를 걸으며 이야기를 나누던 우리는 갑자기 뛰기 시작했다. 뒤에서 궤도열차가 달려오고 있었기 때문이다. 과거 삼나무를 실어 나르던 열차다. 얼마 지나지 않아 숲에서 사슴 한 마리가 빼꼼 얼굴을 내밀었다. 손병호 씨는 그 모습이 신기해서인지 "너 보러 왔어"라며 농담을 던졌다. 임기응변에 능한 탤런트다웠다. 철길을 벗어나면서 본격적인 급경사가 이어졌다. 우리는 얼마 가다 윌슨 그루터기 앞에 멈춰 섰다. 그 앞에서 손병호 씨는 "하~"하며 감탄사를 내질렀다.

"밑둥 둘레가 얼마나 돼요?" 손병호 씨가 가이드에게 물었다.

"13미터입니다."

삼림 철도

하나노에고. 일본열도 최남단에 있는 고원습지

윌슨 그루터기는 안에 들어가 하늘을 쳐다보면 하트 모양을 발견할 수 있다. 가이드가 사진을 찍어 손병호 씨에게 보여줬다.

"하트 맞네요."

손병호 씨의 얼굴이 환해졌다. 조몬스기로 가는 길은 사람 한 사람이 지날 정도로 좁은 나무계단이다. 마침내 조몬스기와 마주쳤다. 뿌리 둘레가 43미터, 몸통이 16.5미터, 키가 30미터나 되는 이 신령스러운 삼나무를 쳐다보는 손병호 씨의 표정이 사뭇 진지했다. 그는 잠시 넋이 나간 듯 말을 잇지 못했다.

"일본인들은 이 조몬스기 삼나무를 볼 때마다 위안을 받습니다. 그리고 힘을 받는 느낌도 있구요."

사이토 가이드가 말했다. 잠시 후, 조몬스기 나무 사이로 햇살이 비쳤다. 손병호 씨가 나에게 말했다.

"보이죠? 반짝반짝하는 게. 막 피어오르는 정령들이 아닌가요?" 역시 배우의 감성이 터지는 순간이었다. 이어 우리는 신다카스카 산장에 이르렀다. 해발 1,936미터인 미야노우라다케로 가기 전 잠시 머무르는 무인산장이다. 우리는 허기를 채우기 위해 라면을 끓였다. 한국에서 끓여 먹는 라면을 준비해 갔다.

"조 소장님, 이 라면 갖고 오길 잘했는데요. 여기서 먹으니 끝내줍니다."

손병호 씨가 라면 맛에 엄지를 세워보였다. 뜨거운 물을 부어 먹는 즉석 컵라면과는 맛이 비교가 안 됐다.

가이드 사이토 씨에게도 라면을 권했는데, 그 역시 '최고'라는 반응을 보여줬다. 식탁에 엉뚱한 손님도 나타났다. 라면을 먹는 내

뒤로 사슴 한 마리가 서 있었다. 이 녀석도 라면 냄새를 맡고 온 걸까. 라면 먹는 모습을 지켜보더니 고개를 좌우로 흔들면서 숲으로 사라졌다.

새벽 3시 30분, 렌턴을 켜고 산장을 나섰다. 멀리서 일출이 보이기 시작했다. 야쿠시마에서 이런 날은 흔하지 않다. 행운인 것이다. 손병호 씨는 그 장엄한 광경을 바라보며 "진짜 장관이네요. 신이 빚은 예술이에요"라고 감탄했다. 그는 "해야, 나한테 정기를 좀 다오"라며 발길을 재촉했다. 서서히 손병호 씨의 호흡도 거칠어지기 시작했다. 그럴 즈음 미야노우라다케 정상이 눈앞에 나타났다. 정상에 있는 바위에 올라선 그는 주위를 둘러보았다. 이어 두 팔을 벌리고 한 바퀴를 돌았다. 그의 얼굴엔 미소가 번져 나갔다. 그와 나는 바위에 나란히 앉아 먼 산을 바라 보았다. 우리는 잠시 말을 하지 않았다. 굳이 말이 필요 없었다. 그렇게 4박 5일 여정은 끝이 났다. 내가 그 이후 손병호 씨의 팬이 된 건 너무도 당연했다. 손병호 씨와의 인연은 그렇게 끝나는 듯했다.

그러던, 어느 봄날. 휴대폰에 모르는 전화번호가 하나 떴다. 뜻밖에도 손병호 씨였다. 2년 만이라 너무나 반가웠다.

"조 소장님, 야쿠시마에 촬영가고 싶어하는 사람이 있습니다."

그가 대뜸 이런 말을 하며 대화를 이어갔다.

"소장님과 같이 만나서 이야기를 좀 하죠."

"좋구말구요."

야쿠시마 촬영이라는 말에 기쁘고 기대가 되었다. 그런데 상대가 누굴까 궁금했다.

배우 손병호 씨와 함께 오른 야쿠시마 최고봉

미야노우라다케 정상으로 가는 중 만나는 바위들

미야노우라다케 정상으로 가는 등산로에서 바라본 풍경

시라타니운스이 계곡

# 영화 〈시간의 숲〉과 송일곤 감독

"영화감독 송일곤입니다."

배우 손병호 씨가 주선한 자리에 나온 이 남자는 자신을 이렇게 소개했다. 한눈에 봐도 잘 생긴 '훈남'이었다. 이름은 낯설었지만 왠지 친근감이 느껴졌다.

"야쿠시마에서는 무슨 촬영을 하려는 거죠 감독님?"

"야쿠시마를 배경으로 다큐멘터리 영화를 찍을 예정입니다. 제목은 〈시간의 숲〉이라고 합니다."

그와의 만남이 서먹했지만 이내 사라졌다. 송 감독이 "작가 온다 리쿠가 쓴 『흑과 다의 환상』이라는 책을 재미있게 읽었다"고 말하는 순간 친근감이 몰려왔다.

송 감독과 첫 만남을 마치고 그에 대한 프로필을 살펴보았다. 그가 대중적으로 성공한 흥행감독은 아니다 보니 나에겐 생소했기 때문이다. 그러나 막상 송 감독에 대한 평단의 평가를 보니 그는 자기만의 주제의식이 강한 개성 있는 감독임을 알았다. 우리나라에선 처음으로 단편영화 〈소풍〉이 칸 영화제 단편경쟁부문 심사위원상

을 수상했다고 한다. 소지섭 한효주가 주연을 맡은 〈오직 그대만〉
도 송일곤 감독의 작품이란다.

그런 송감독의 작품에 스태프로 참가한다니 나로선 영광스러운
일이 아닐 수 없었다. 속으로 나는 '그래 이런 감독이라면 도와 드
려야지'라고 생각했다.

동행 촬영은 이렇게 시작됐다. 2010년 12월의 일이다. 우리는 현
지에서 예비조사를 포함하여 3주를 함께 보냈다. 영화의 주인공은
한국배우 박용우 씨와 일본 여배우 다카기 리나 씨였다. 다카기 리
나 씨는 한국에서 드라마 〈떼루아〉로 이름을 알린 배우다. 한국 남
성과 결혼해 화제가 되기도 했다. 〈시간의 숲〉을 봐도 그렇지만 그
녀는 실제로도 밝고 쾌활했으며, 일반적인 일본 사람들보다 훨씬
적극적이라는 느낌을 받았다. 촬영 내내 웃음을 잃지 않고 사람들
과 스스럼없이 어울리는 모습이 보기 좋았다.

〈시간의 숲〉은 일상에 지친 배우 박용우 씨가 야쿠시마에서 다
카기 리나 씨를 만나 7천2백 년 된 조몬스기를 만나러 가는 여정을
담았다. 두 사람은 야쿠시마의 숲과 공기, 야쿠시마의 사람, 그리고
조몬스기와의 만남을 통해 일상에서 지치고 상처받은 내면을 치유
해 간다. 원시적 생명력이 충만한 삼나무 숲의 치유력일 것이다. 영
화에는 박용우 씨의 내레이션 중에 야마오 산세이의 시 〈고요함에
대하여〉가 나오는데 그 일부를 읽어본다.

이 세상에서 가장 소중한 것은

고요함이다

산에 둘러쌓인 작은 밭에서

허리가 끊어질 듯이 아플 때까지 괭이질을 하며

가끔 그 허리를

녹음이 짙은 산을 향하여 쭉 편다

산 위에는

작고 흰 구름이 세 조각 천천히 흘러가고 있다

이 세상에서 가장 소중한 것은

고요함이다

산은 고요하다

밭은 고요하다

그래서 태어난 고향인 도쿄를 버리고 농부가 되었다


영화에는 야쿠시마에 관련한 여러가지 이야기가 등장하는데 야쿠시마의 민화에 전해 오는 야마히메(山姬)에 관한 것도 있다. 야마히메는 아름다운 여인의 모습을 하고 있다고 한다. 야쿠시마 숲의 정령이라고도 하는데 숲 속에서 야마히메를 만나면 먼저 웃어야지 그렇지 않으면 피를 다 빨려서 죽음에 이른다고 한다. 숲을 보호하기 위해 인간들의 무분별한 침입을 막기 위해 만들어진 이야기인지 모르겠다.

또 다른 영화 장면중에 야쿠시마의 자연을 노래하는 그룹 빅밴드의 연주장면이 나오는데 그 중에는 곡명이 〈사슴 2만, 원숭이 2만, 사람 2만〉이라는 노래가 있다. 자연환경이 잘 보존되어 동물들

조몬스기 등산로에서 만나게 되는 숲

과 사람들이 더불어 살아가며, 사람도 자연의 일부라는 야쿠시마의
정신과 의미를 알려주는 노래이다

## 영화가 나에게 던져 준 물음들

영화 개봉 이후 나는 사석에서 송일곤 감독을 한 번 만나 촬영
뒷이야기를 나누었다. 촬영뿐만 아니라 그런 자리에까지 선뜻 초대
해 준 송 감독이 고마웠다. 그런 그가 희소식을 보내온 건 2014년
2월이었다. 다음 달 결혼한다는 청첩장이었다. 그런데 아쉽게도 나
는 해외 출장이 예정돼 있어서 참석할 수가 없었다. 결국 아내가 대
신 결혼식을 다녀왔다.

돌이켜보면 〈시간의 숲〉이라는 영화는 내겐 잊을 수 없는 경험
이었다. 영화가 끝나고 엔딩 크레딧에 내 이름이 붙어 올라갈 때는
마음 한 구석이 찡했다. 내 작은 노력이 영화를 만드는데 도움을 주
었다는 보람 때문이었다. 나 또한 그 영화로 머리를 비우고, 마음을
내려 놓고, 욕심과 속도를 줄이며 사는 법을 배웠다. 그 이후 〈시간
의 숲〉 촬영지를 지날 때마다 주인공 박용우 씨의 옅은 미소가 떠
오르고, 여배우 다카기 씨가 까르르 웃던 모습이 생각난다. 야쿠시
마를 방문하는 한국 손님들에게도 당시 촬영 에피소드를 이야기 해
주면 귀를 쫑긋 세우고 듣는다.

"여기가 영화 〈시간의 숲〉을 촬영한 곳입니다."

"아~ 그렇군요. 그럼 여기서 기념사진이라도 한 장 찍어야 겠네
요."

야쿠시마의 풍경을 빼어난 영상미로 잘 잡아낸 송 감독만의 독

미야노우라 다리- 강하구에서 바다쪽을 본 풍경

특한 감각에 나는 찬사를 보낸다. 나는 기회가 되면 송 감독과 오롯이 둘이서만 다시 야쿠시마를 걷고 싶다. 그땐 미처 보지 못했던 숲과 길, 그리고 또 다른 공간들을 이제는 송 감독에게 보여줄 수도 있을 듯하다.

나는 영화 덕에 이곳에서 초록비를 보았다. 여유를 느끼며 걷다

삼나무에 붙어 있는 이끼를 찬찬히 만져 보았다. 이끼에 묻은 빗방울을 툭치는 순간, 햇볕이 쏟아지면서 빗방울이 마치 거짓말처럼 초록빛을 띠었다. 초록비였다. 영화 〈시간의 숲〉은 내게 그런 신기한 체험까지 선물했다. 나는 한 달에 한 두 번은 야쿠시마 땅을 밟는다. 내겐 이게 소소하면서도 확실한 행복이다.

영화 〈시간의 숲〉과 송일곤 감독

# 배우 강동원 씨의
## 화보촬영에 동행하다

연예인과의 동행은 그 이후에도 계속됐다. TV, 영화에 이어 화보 촬영 안내까지 해주는 행운이 찾아온 것이다.

2016년 9월의 어느 날이었다. 서울 종로구 인사동에 있는 사무실의 전화벨이 울렸다. 왠지 이날의 벨은 느낌이 좋았다.

"거기가 야쿠시마 전문여행사 스토리투어 인가요?"

나긋나긋한 여성의 목소리였다.

"야쿠시마로 화보 촬영을 가려고 계획 중인데, 도움을 좀 받을 수 있을까요?"

화보 촬영이라는 말에 짐짓 놀랐다. 일반인이 화보를 찍을 리는 없을 터. 분명 모델이나 배우일 것이라는 생각이 들었다.

"물론이죠. 구체적인 일정이 어떻게 되세요?"

"영화배우와 패션화보를 촬영할 계획인데요."

"실례지만 배우는 어느 분이신지요?"

"아직은 말씀 드릴 수는 없고 출발이 확정되면 말씀 드릴게요."

패션화보를 찍는다면 분명 젊은 축에 드는 배우일 텐데. '누굴

까' 머릿속에서 이 사람 저 사람을 떠올렸다. 그런데 출발 일자가
촉박했다. 급한 예약 업무부터 진행했다.

"항공권 예약을 위해 여권 영문 이름이 필요합니다."

일행 중 한 명의 이름이 KANG DONG WON. 그랬다. '핸섬가
이' 강동원이었다.

화보 촬영팀은 이동시간을 최대한 줄여달라고 했다. 그래서 가
고시마 공항에서 일본 국내선 항공을 이용해 야쿠시마로 이동하기
로 했다. 며칠 후 현지 관광회사 여직원한테 예약이 확정됐다는 전
화가 왔다. 이 일본인 직원도 명단을 보고 놀란 눈치였다. 강동원
씨에 대해 물었다.

"혹시 일행 중에 한국의 유명 배우 강동원 씨가 있나요?"

"네, 그렇습니다. 영화배우 강동원 씨 맞습니다."

"스고이!"

예약과 출국 과정은 순조로웠다. 서울 인천 국제공항에서 가고
시마까지는 1시간 30분 정도 걸린다. 가고시마 국제공항에 내리면
"아, 참 고즈넉한 공항이구나"라는 느낌을 받는다. 나는 2박 3일간
강동원 씨 일행의 현지 안내를 맡았다. 그런데 야쿠시마로 이동하
기 위해 환승하는 과정에서 결국 강동원 씨의 정체(?)가 드러나고
말았다.

모자를 눌러 쓰고 선글라스를 착용했는데도 강동원 씨를 알아
보는 일본 사람들이 꽤 있었던 것이다. 순식간에 여러 명이 우르르
몰려들었다. 꽃미남에게 사인 요청을 했고, 강동원 씨는 친절하게
사인을 해주었다. 강동원 씨의 인기가 새삼 실감이 됐다. 가고시마

에서 야쿠시마까지는 국내선 JAC(JAL의 자회사)를 이용했다. 비행시간은 30분이다.

화보 촬영을 구경하는 것은 처음이었다. 한국도 아니고 일본의 야쿠시마에서 화보라니, 신기할 따름이었다. 주 촬영지는 시라타니운스이 계곡. 화보 촬영인 만큼 의상을 여러 번 갈아 입어야 했다. 계곡물이 흐르는 곳이 적당했다. 촬영지 사전조사를 마친 후 일행과 저녁을 먹기 위해 예약된 식당으로 향했다. 그런데 식사 메뉴가 좀 특별했다. 야쿠시마의 특산물인 사슴고기다.

야쿠시마에서는 개체수를 조절하기 위해 한시적으로 사슴 수렵을 허용한다. 공식적인 절차로 잡은 사슴고기는 관광객들의 식탁에 오른다. 그런 식당이 야쿠시마에 몇 군데 있다. 그렇다면, 사슴고기 맛은 어떨까. 주로 양념을 해서 구워 먹는다. 사슴고기라는 것을 미리 누가 귀띔해 주지 않으면 소고기 맛과 구분하기 쉽지 않다.

일행의 숙소는 이와사키그룹이 운영하는 이와사키호텔이다. 촬영은 호텔정원, 객실, 로비, 시라타니운스이 계곡으로 이어졌다. 점심 무렵이었다. 일행은 계곡으로 향했고, 촬영 전에 준비한 도시락으로 점심을 먹고 시라타니운스이 계곡에서 본격적인 촬영이 시작됐다. 강동원 씨는 계곡의 이끼 긴 돌 위에 맨발로 섰다. 블랙 팬츠에 화이트 셔츠 차림의 강동원 씨는 푸른 원시림과 절묘하게 매치됐다.

계곡 촬영을 마치고 호텔로 향했다. 안보항 근처 바닷가를 지날 때쯤이었다.

"차 좀 세워주세요."

이와사키호텔 로비에서 바라본 못쵸무다케(940 미터)

촬영감독님이 갑자기 큰소리로 말했다.

그는 차에서 내려 바닷가 쪽으로 내려가 보더니 엄지를 치켜세웠다.

"촬영하기에 딱 좋네요."

계곡에서 날씨가 흐려 촬영에 아쉬움이 컸는데 때마침 날씨가 개고, 게다가 적절한 촬영지를 발견한 것이다. 계곡과는 또 다른 분위기에서 촬영이 이뤄졌다. 마음이 한층 가벼웠다.

촬영을 무사히 마치고 호텔로 돌아왔다. 또다시 저녁 식사 시간. 이와사키호텔 식당 벽면에는 사슴머리가 장식돼 있다. 대화의 주제

배우 강동원 씨의 화보촬영에 동행하다

시라타니운스이 계곡

는 사슴 이야기로 이어졌다.

야쿠시마에는 흔히 '원숭이 2만, 사슴 2만, 사람 2만 명이 살고 있다'고 말한다. 그만큼 원숭이와 사슴이 흔한 곳이라는 얘기다. 야쿠시마에서는 그렇게 사람과 원숭이, 그리고 사슴이 자연과 어우러져 살고 있다. 일본어로 사슴은 '시카'(シカ)다. 그래서 야쿠시마에 사는 사슴을 '야쿠시카'라고 부른다. 야쿠시카는 기온이 높고 숲이 우거진 산악지대에 살기 적합하도록 진화하여 일본 본토의 사슴들에 비해 몸집이 작고 다리가 짧은 것이 특징이다. 야쿠시마 등반 도중 여러 차례 사슴과 만난 적이 있는데, 전혀 놀라는 기색이 없었다. 한참 동안 나를 쳐다보더니 마치 축지법을 쓰듯 숲속으로 성큼성큼 사라지곤 했다.

야쿠시마에는 '빅스톤'이라는 아저씨들로 구성된 밴드가 있다. 그들이 부른 노래 가사에 "원숭이 2만, 사슴 2만, 사람 2만"이라는 대목이 나온다. 강동원 씨는 내게 "그 노래 좀 들려줄 수 있으세요?"라고 물었다.

"어쩌죠, 그 CD를 지금 갖고 있지 않아서……"

못내 아쉬웠다. 강동원 씨에게 야쿠시마의 정서를 좀 더 전해줄 수도 있었는데 말이다. 출장을 다녀온 지 한 달 반이 지나 야쿠시마에서 찍은 화보 잡지가 나왔다. 표지 사진은 강동원 씨가 사라타니운스이 계곡에서 맨발로 서 있는 모습이었다.

제목은 '강동원, 가려진 시간으로'였다.

멀리서 바라 본 미야노우라마을

## '풋고추' 식당 주인
## 타카다 희정 씨

한 번은 야쿠시마 일주도로를 지나가다가 내 눈을 의심했다. '일본어를 잘못 읽었나' 생각했다. 도로 앞에 있는 식당 입간판에 일본어 카타카나로 '풋고추'라고 적혀 있었기 때문이다. 자주 지나가는 길이었지만 '설마 한국의 풋고추란 말인가'라며 그냥 지나치곤 했다. 이 가게를 다시 찾은 것은 몇 년이 지난 올해(2018년) 초여름이었다. 야쿠시마를 소개하는 잡지에서 식당 주인이 한국의 부산 출신 아줌마라는 것을 알고 나서 찾아가지 않을 수 없었다.

렌터카를 타고 가게 입간판 안쪽으로 들어가니 막다른 골목길이었다. 차를 주차하고 가게에 들어서자 조용한 재즈풍 음악이 흘러나왔다. 가게는 좁지만 천장은 높아서 시원한 느낌을 받았다. 식당은 8명이 앉을 수 있는 긴 식탁이 1, 2층에 각각 2개씩 있었다. 메뉴판을 보니 모두 한국 음식이었다. 김치찌개 정식 1,180엔, 계란찜 정식 1,080엔, 돼지고기볶음 정식이 1,290엔이었다. 매운 떡볶이도 있었는데 이건 가격이 540엔이었다.

내 건너편 테이블에 앉아 있던 일본 여성 두 명은 떡볶이를 주

풋고추 식당

문했다. 그들은 입에 떡볶이를 한 입 넣고 서로 '오이시이'라며 맛
있다는 표정을 지었다. 그런데 이내 "좀 매운 것 같다"고 말했다.
나는 나이 지긋한 일본인 남자 주인장에게 전골 찌개를 주문했다.
음식은 맛있었다. 한국에서 먹던 맛과 별반 차이가 없었다. 스테인
레스 밥그릇에서 한국 이미지가 느껴졌다. 식사를 다 하고 나니 이
번엔 여주인이 커피를 후식으로 들고 왔다. 민박집 겸 예약제 한국
식당 '풋고추'의 안주인인 타카다 희정 씨다.

　"일본 이름이 타카다 희정입니다. 저기 건너편에서 음식 준비하
고 있는 사람이 제 남편 타카다 토모하루입니다. 그런데 어떻게 알
고 여기까지 찾아 오셨어요? 예전에 한국 방송국에서 우리 부부 일

상을 촬영하러 오겠다고 한 적이 있어요. 그런데 저희가 거절했죠. 1,2주 정도 묵으면서 우리 부부를 찍는다는 데, 사실 한국에 소개할 만한 삶은 아니라서……"

희정 씨는 "방송이 나가면 우리 부부의 일상이 고스란히 드러나는 것이 고민이었다"고 말했다. 희정 씨의 그런 말에 내 인터뷰 요청도 거절할 것 같은 느낌이 들었다. 그런데 물꼬를 트이게 해준 것이 있다. 바로 한국의 고향이다. 희정 씨는 부산 출신으로 나와 같은 고향이다. 희정 씨는 "부산에서 마지막으로 산 곳이 대연동"이라고 했다. 학창시절 내가 살던 곳과 그리 멀지 않은 곳이다. 부산 이야기로 대화를 시작하자, 40대 후반인 희정 씨의 입에서 한국말이 술술 나왔다. 시원시원한 성격에 붙임성이 있는 전형적인 한국 아줌마였다.

"남편은 홋카이도 출신이죠. 일본 끝(홋카이도)에서 끝(야쿠시마)으로 와서 살고 있는 것이죠. 남편도 한국 음식을 곧잘 만들어요. 맛내는 것만 제가 하죠. 남편은 식사 때마다 김치를 꼭 갖다놓고 밥을 먹을 정도로 한국 음식을 좋아합니다."

부부는 어떻게 야쿠시마에 정착하게 됐을까. 여자는 부산, 남자는 일본 열도의 꼭대기인 홋카이도 출신이 아닌가. 희정 씨는 이렇게 말했다.

"남편을 처음 만난 곳은 치바(千葉)입니다. 남편은 거기서 사업을 했고, 저는 영양사 공부를 했어요. 그런데 토목업을 하던 남편의 일이 잘 풀리지 않았어요. 그래서 선택한 곳이 야쿠시마죠. 친구들은 '그런 시골에 가서 어떻게 사느냐'고 말렸고, 저도 사실 마음이 내키지는 않았어요. 또 나이 차이가 나는 남편을 엄마한테 설명하기도 힘들었어요. 제가 딸 셋 집안의 막내거든요."

"남편의 나이가 많다"는 말에 나는 잠시 말을 끊었다. 어느 정도 나이차인지 궁금했다. 희정 씨는 웃으면서 "남편이랑 스무 살 가까이 차이가 난다"고 말했다. 하지만 음식을 만들고 있는 남편을 힐끔 쳐다보니 그 정도로는 보이지 않았다. 줄잡아 아내보다 열 살 정도 많아 보였다. 희정 씨는 "야쿠시마에 오게 된 결정적 사건이 있었다"고 털어 놓았다. 남편이 팔을 다치게 되면서다.

"남편이 1년 반 먼저 야쿠시마로 내려갔죠. 그런데 어느 날, 팔을 다쳐 수술을 해야 한다는 연락이 왔어요. 전화 목소리가 다 죽어가더군요. '내가 옆에서 도와 줘야겠다'는 생각이 들었어요. 남편은 '퇴원하는 날 맞춰서 와줬으면 좋겠다'고 했어요. 일종의 프로포즈인 셈이죠. 남편은 두 달 반 입원했고, 퇴원해서는 가고시마로 나가서 한 달간 재활을 받았어요. 저도 치바에서 한 달간 이사 준비를 했습니다. 그렇게 2006년 1월 야쿠시마로 들어왔죠. 그해 3월에 혼인신고까지 했어요. 그러는 도중에 안타깝게도 부산에 사시는 부모님 두 분이 다 돌아가셨어요."

희정 씨가 야쿠시마에 정착한 또 다른 이유가 있다. 이야기는 고등학교 때로 거슬러 올라간다. "설악산에 수학여행을 갔는데, 안개구름과 이슬비에 감동을 먹었죠. 주변 친구들은 별 반응이 없는데 말이죠. 학교 친구 중에 친하게 지내고 싶은 친구가 있었는데 표현을 못하고 어색하게 지내고 있다가 설악산 수학여행지에서 서로 마음을 열고 친해졌어요. 그렇게 설악산은 저에게는 자연의 아름다움

을 알게 해주고 친구와의 사이를 더욱 가깝게 해준 고마운 존재입니다. 일본에 와서 친구들과 야쿠시마에 여행을 갔다가 설악산 풍경과 비슷한 경험을 했죠. 개인적으로 '비 갈망증'이 있다고나 할까요. 일 년 내내 비가 오는 여기 야쿠시마가 전 너무 좋아요. 삼나무 숲길을 걸어 보셔서 잘 아실테지만, 안개 낀 풍경이 몽환적이잖아요."

좋아서 야쿠시마로 시집을 왔지만 어찌 고향이 그립지 않을까. 사실 야쿠시마에서 고향집이 있는 부산까지 한 번 나가기가 만만치 않다. 희정 씨는 "8년 전에 가보고 못갔다"며 "큰언니는 부산에, 작은 언니는 김해에 산다"고 말했다. 그러는 사이, 희정 씨의 눈에서 작은 눈물 방울이 보였다. 고향 이야기를 꺼내 살짝 미안한 마음이 들었다.

"향수병은 없는데, 가끔 부산 음식인 돼지국밥이 당기긴 해요. 인터넷을 뒤져서 돼지국밥을 만들어 봤는데, 그 맛이 영 안 나더군요. 똑같은 돼지고기와 부추를 사서 만들었는데도 말이죠."

희정 씨의 말을 듣고 있자니, 정착이 결코 쉬운 일이 아니었던 것 같았다. 희정 씨는 처음부터 식당을 열 생각은 아니었다고 한다. 영양사 자격증을 따고 야쿠시마에 와서 이 음식 저 음식을 직접 시험삼아 만들어 봤다. 만든 음식을 주위 일본 사람들에게 나눠 줬더니 다들 "맛있다"며 칭찬을 했다고 한다. 그 기세를 몰아 덜컥 한국 식당 겸 민박집까지 오픈하게 됐다. 8년 전인 2010년 8월의 일이다.

"그해 6월에 이 집을 짓고 두 달 뒤인 8월에 민박집과 기게를 동시에 열었죠. 사실 집 지을 돈이 있었던 것은 아니에요. 지인의 아버지가 건축 일을 하고 있었는데, 그 분의 도움이 컸어요. '돈이 이거 밖에 없다'고 했더니 '돈에 맞춰서 지으면 된다'며 희망을 줬어요. 집을 짓고 나서는 그 분의 또 다른 말에 울컥했죠. 제가 '집 짓느라 적자 보셨죠'라고 말했더니 '당신 아니라도 내가 돈 벌 곳은 많다'고 하시더군요. 유머도 있고 성격도 좋으신 분이에요."

희정 씨가 새 집을 갖는데 세심하게 배려해 준 그 사람이 누구인지 궁금했다. 나는 "그 분 성함이 혹시 어떻게 되나요"라고 물었다. "잇소 마을에 가면 '잇소커피'라는 가게가 있는데, 거기 커피가 참 맛있어요. 도쿄의 품평회에 출품해도 호평을 받을 만한 고급스러운 맛이라고 해요. 그 커피집 여주인 아버지가 바로 건축가 그 분이죠. 이름이 효도 마사하루입니다."

순간 나는 효도 마사하루라는 말에 깜짝 놀랐다. 8년 전 송일곤 감독의 영화 〈시간의 숲〉 촬영 때 그를 만났기 때문이다. 희정 씨도 "인연치고는 대단하다"며 놀라워했다.

## 식당&민박집 이름을 '풋고추'로 지은 이유

가게 이름을 풋고추로 정한 것 역시 궁금하긴 마찬가지였다. 고향에 대한 향수 때문일까, 아니면 개인적인 취향일까. 희정 씨는 그 이유에 대해 다음과 같이 말했다.

"매운 것을 너무 좋아해요. 어릴 때부터 풋고추를 자주 먹었어요. 그러다 보니 가게를 오픈하면서 풋고추라는 이름을 붙여보자고 했죠. 그런데 한국 손님들이 잘 알아보지는 못해요. 저희 집에 한국 손님이 온 게 일 년 정도 됐어요. 민박을 하고 갔죠. 앞으로 식당보다는 민박에 집중할 것 같아요."

희정 씨는 초등학교 5학년 아들을 하나 두고 있다. "아들이 건강하고 씩씩한 성격에 주관이 뚜렷하며, 의사표현이 분명하다"고 했다. 희정 씨의 아들에 대한 애정이 듬뿍 묻어났다. 한국의 엄마들처럼 희정 씨도 아이 교육에 온 힘을 쏟고 있었다.

공기 좋고 물 맑은 야쿠시마에 살면 뭐가 좋을까. 희정 씨는 물과 사람들 성격을 꼽았다. "산에서 내려오는 물을 그대로 마실 수 있어 편하죠. 야쿠시마에는 집수장은 있지만 정수장은 없는 것 같아요. 굳이 정수할 필요가 없는 거죠. 세계 어디에도 이런 곳이 없어요. 또 야쿠시마 사람들 경우에 나이 많은 사람들은 음식도 나눠먹고 정(情)도 많아요. 물론 조금 폐쇄적인 면이 없는 것도 아니죠."

'풋고추' 식당 주인 타카다 희정 씨

희정 씨는 불편한 점도 덧붙였다. "섬에서 한 번 나가려면 1박으로 모자라잖아요. 숙박과 교통비가 많이 들어요. 물가도 그렇죠. 특히 자동차 유지비죠. 기름은 배로 싣고 와야 하니 비쌀 수밖에 없어요."

이야기를 나누다 보니 1시간 반이 훌쩍 지나갔다. 희정 씨는 "이렇게 길게 한국말을 해본 건 4~5년 만"이라고 했다. 그는 야쿠시마에 애정이 많아 보였다. 희정 씨의 삶 이야기를 좀 더 듣고 싶었지만, 영업에 방해가 될까 싶어 다음으로 미뤄 두기로 했다. 그는 마지막으로 내게 양해를 구했다. '한국 이름과 사진은 책에 싣지 말아 달라'는 것이었다. 타카다 희정이라는 일본 이름과 얼굴이 나오지 않는 모습만 실어 달라고 부탁했다. 충분히 이해가 됐다.

이야기를 마치고 나서려니 남편 타카다 토모하루 씨가 인사를 나왔다. 악수를 나누면서 "아내분과 한국 이야기를 좀 했다. 대화 내내 상대방을 유쾌하게 해 주는 매력을 가진 분이다. 당신도 나이보다 훨씬 젊게 보인다"고 말해 줬다. 그는 그 말에 잔잔한 웃음을 지어 보였다. 부부는 행복해 보였다. 가게를 나서는데 장대비가 쏟아졌다.

# 야쿠시마 청정수로 빚은 미다케 소주

### 야쿠시마엔 사케가 없다

"가고시마에서 '술한잔 하러 가지'라는 말은 쇼추(燒酒) 즉 소주를 의미한다. 일본을 대표하는 사케도 이곳에서 만큼은 별 반 힘을 쓰지 못한다."

한국의 유명 만화가인 허영만 화백은 일본 전역을 여행하고 쓴 『맛있게 잘 쉬었습니다』 라는 책에서 가고시마 소주에 대해 이렇게 적었다.

> 가고시마 사람들에게 고구마 소주는 떼려야 뗄 수 없는 소중한
> 자산이다. 이미 많이 알려진대로 가고시마에서는 고구마를 원료
> 로 해서 소주를 만든다. 고구마를 일본어로는 이모(芋)라고 부른
> 다. 소주의 일본 발음(쇼추)은 한국어와 비슷하다. 그러니 고구마
> 소주는 이모쇼추(芋燒酎)라고 말한다. 가고시마 소주는 가고시마
> 현의 옛 이름인 사츠마(さつま:薩摩)라는 이름을 붙여 '사츠마 쇼
> 추로 출시된다. 국제적인 지적재산권 규정에 따라 사츠마라는 명

칭은 엄격하게 보호받고 있다.

몇 해 전, 규슈 트레킹과 관련해 구마모토현의 야마토쵸라는 곳을 방문한 적이 있다. 저녁 술자리에서 사케를 마시던 중 지역 주조 회사 관계자로부터 재미있는 이야기를 들었다.

"그거 알아요. 여기가 사케를 제조하는 남방한계선이라는 사실 말입니다."

"그런 게 있었습니까."

나는 생전 처음 그런 말을 들었다. 이 말은 구마모토현 아래 남 규슈 지역에서 사케 제조가 불가능하다는 걸 의미하지는 않는다. 다만, 지역과 기후 탓에 맛있는 사케를 제조할 수 없어서 사케 양조장이 거의 없다는 것이다. 그럼 남규슈에는 아예 사케가 없다는 말인가? 사케가 전혀 없는 것은 아니다. 다름아닌 남규슈에서는 고구마 소주가 그 자리를 대신하고 있다. 실제로 나는 가고시마현과 야쿠시마를 오가면서 이 지방에서 사케를 마시는 사람은 거의 보지 못했다.

가고시마현을 비롯해 남규슈에서 사케보다 고구마 소주를 더 즐겨 마시는 이유는 뭘까. 여기에는 그 원료인 고구마와도 깊은 관계가 있다. 일본에 고구마가 처음 전래된 곳이 가고시마현의 다네가시마(種子島)란 섬이다. 그래서 지금도 남규슈가 전국에서 고구마 산출량이 제일 많다. 고구마 소주는 '코가네센간'이라는 종류의 고구마가 주원료다. 코가네센간은 한자로 풀면 '황금천관'(黃金千貫)

이다. 껍질과 속이 황금색을 띤다고 해서 이렇게 이름이 붙여졌다. 또 '황금을 천관이나 쌓아 놓아도 먹고 싶은 고구마'라는 데서 유래했다고도 한다. 그만큼 맛이 좋다는 얘기다.

고구마 소주 제조 역사는 오래되었지만, 절정을 맞은 것은 2003년경부터라고 한다. 그 덕에 고구마 소주를 전문으로 취급하는 소주바도 성업중이다. 고구마 소주의 도수는 25도, 가격은 1,500엔 전후다. 장인의 고집과 적은 출하량이 맞물린 소주의 경우, 고가에 팔리기도 한다. 한때 원료인 고구마가 부족해 출하에 심각한 문제가 발생하기도 했다. 일부 브랜드에는 프리미엄이 붙어 1병에 수만 엔을 넘기기도 했다. 심지어 모리이조(森伊蔵)라는 소주는 모조품까지 등장하기에 이르렀다. 현재 가고시마현에는 고구마 소주 회사가 백여 개가 넘는다고 한다.

## 고구마 소주가 좋은 이유

고구마 소주는 가고시마현을 넘어 남규슈를 중심으로 많은 일본인에게 사랑 받고 있다. 특히 "건강에 좋다"는 연구 결과가 알려지면서 더더욱 그러하다. 일본주조조합중앙회는 고구마 소주가 건강에 좋은 이유를 다음과 같이 밝히고 있다.

고구마 소주는 마신 다음날까지 체내에 거의 남아있지 않기 때문에 다른 알코올과 비교해서 숙취가 적다. 고구마 소주는 증류주라서 당분 등이 함유되어 있지 않다. 또 180ml 용량의 고구마 소주의 경우에 칼로리는 밥 반 공기 정도에 불과하다.

고구마 소주를 먹는 방법은 세 가지다. 뜨거운 물을 타는 오유와리(お湯割り), 그냥 물을 타는 미즈와리(水割り), 스트레이트로 먹는 언더락이 있다. 마시는 방법에 따라 각각의 개성과 맛이 다르다는 것이다. 오유와리로 먹으면 푸근한 향이 나서 부드러운 맛을 느낄 수 있고, 미즈와리로 하면 자극적인 맛과 잡미를 억제하여 느긋하게 맛을 즐길 수 있다. 언더락은 깊은 맛을 진하게 느낄 수 있다. 세 가지 방법 중 오유와리로 먹는 법을 소개하면 다음과 같다.

1. 물을 너무 뜨겁게 하지 않는다: 너무 뜨거우면 맛이 달아난다. 70도씨가 적당하다.

2. 데운 물을 먼저 붓고 소주를 나중에 따른다: 대류에 의해 자연스럽게 소주와 데운 물이 잘 섞이도록 하기 위해서다. 소주가 데운 물로 따뜻해지고 섞여서 소주가 가진 온화한 향이 나서 은근한 단맛이 혀 전체로 퍼져나간다.

3. 6:4정도로 희석한다: 데운 물 6, 소주 4의 비율을 말한다.

오유와리는 옛날부터 현지인들에게 사랑을 받아온 최고의 음용법이다. 하지만 오유와리를 처음 마셨을 때는 그 맛을 제대로 느끼지 못한다. 나뿐만 아니라 주변 지인들의 반응도 비슷했다. 이유는 고구마 소주 특유의 냄새가 거슬리고 부담되기 때문이다. 하지만 고구마 소주를 즐기는 일본인들은 그것을 냄새라 하지 않고 '카오리'(かおり:香り) 즉 향기라고 부른다. 냄새를 향기로 느끼려면 오유와리를 세 번 이상 마셔야 한다. 많은 사람들이 세 번째 마실 때

특유의 향을 제대로 느낄 수 있다고 말한다. 앞으로 고구마 소주를 마실 기회를 가질 분들께 알려드린다. 절대 한 두 번으로 고구마 소주의 맛을 속단하지 마시라. 최소한 세 번 이상을 마셔보고 냄새를 향기로 느껴 보기를 권한다.

고구마 소주를 더 맛있게 마시는 방법이 있다. 전용 잔을 사용하는 것이다. 먼저 '소라큐'다. 이것은 하늘(소라)을 올려 보면서 큐~ 하고 한 번에 다 마시게끔 되어 있는 술잔이다. 팽이처럼 밑이 뾰족한 술잔으로 술을 따라 놓을 수 없다. 바닥에 구멍이 있는 소라큐도 있다. 이것은 손으로 구멍을 막고 전부 마시지 않으면 테이블에 놓을 수 없다. 모두 술을 즐기기 위해 만들어진 잔이다.

가고시마의 고가 유리 공예품인 '사츠마 기리코'(薩摩切子)도 빼놓을 수 없다. 섬세하게 커팅이 돼서 광채와 색의 조합이 절묘하다. 이 유리잔에 고구마 소주를 스트레이트로 마시면 맛이 각별하다고 한다.

주전자도 한 몫 한다. 검은색의 '쿠로죠카'(黒ジョカ)다. 가고시마 술 용기의 대표격으로, 약 400년의 역사를 가진 사츠마야키(가고시마 지역 도자기)의 전통 공예 속에서 탄생했다. 전날 미리 물에 희석한 소주를 주전자에 따르고 직화로 술을 데운다. 쿠로죠카는 세제로 씻지 않고 마시고 난 후, 그 상태로 보관하는 것이 좋다고 한다. 사용할수록 소주가 갖고 있는 독특한 맛이 스며나기 때문이다.

### 고구마 소주와 이나모리 가즈오 회장
고구마 소주는 어떻게 만드는 걸까. 일본에서 '경영의 신'으로

야쿠시마의 대표소주 미다케

존경받는 교세라의 이나모리 가즈오(稲盛和夫) 회장의 일화를 통해
소개해 보고자 한다. 가고시마 출신인 이나모리 회장은 '씨 없는 수
박으'로 유명한 우장춘 박사의 사위이다. 이나모리 회장의 어린 시
절인 태평양전쟁 직후, 연합군의 폭격으로 가고시마 사람들은 기근
에 시달렸다. 당시 구황작물로 끼니를 대신하던 것이 고구마였다.
거기다 고구마 소주를 밀주로 만들어 생계를 이어갔다고 한다. 이
나모리 회장은 자신의 책 『그대의 생각은 반드시 이루어진다』에서
"마루밑에서 소주를 몰래 만들었다"며 다음과 같이 썼다.

나는 미야자키현의 마야코노조 누룩가게까지 가서 소주용 누룩
을 사왔다. 새하얀 균주가 살아있는 쌀누룩을 한 되 두 되 사서

복대에 품고 어깨에 메고 돌와왔다.

그 누룩에 고구마를 찌고 으깨어 차게 한 상태의 것을 섞어, 항아리에 밀봉해 한동안 두면 발효해서 포도당이 된다. 그것이 이윽고 알코올이 됩니다. 너무 놔두면 산화해서 쉬어 버리기 때문에 적당한 때를 봐서 증류한다. 처음에는 물 같은 소주가 나오고, 잠시 지나면 알코올 도수 높은 보드카 같은 강한 술이 나온다. 게다가 계속 더 두면 알코올 도수가 낮은 소주가 나온다.

그것을 큰 나무 통에 넣고 블렌딩해서 알코올 도수를 맞추는 것이다. 나는 가고시마 시내의 측량기구상에게 가 측량계를 사 와서 그것으로 측량을 하면서 정확하게 일정한 알코올 도수가 되도록 했다.

## 높은 봉우리 3개를 총칭하는 미다케

이제 내가 이야기 하려는 야쿠시마 소주 차례다. 야쿠시마 소주에는 미다케(三岳)라는 브랜드가 있다. 미다케는 야쿠시마에서 가장 높은 3개의 산 미야노우라다케(1,936m), 나가타다케(1,886m), 쿠리오다케(1,867m)를 총칭하는 말이기도 하다. 출하량이 그다지 많지가 않아, 야쿠시마를 직접 방문해야만 맛볼 수 있다. 야쿠시마는 강수량이 많은데다, 삼림에서 뿜어져 나오는 용출수는 소주를 만들기에 최적이다. 한 걸음 더 나아가 야쿠시마의 물은 1985년 환경성이 선정한 '일본 명수100선'(日本名水百選)에도 이름을 올렸다. 야쿠시마의 자연시인 야마오 산세이는 야쿠시마 명수의 이름은 하로 마을의 '산골짜기 샘물'이라고 했다. 산세이는 이 물을 맛보고 "달다"

고 적었다.

> '산골짜기 샘물'은 일본의 100대 명수의 하나이다. 하지만 야쿠
> 섬의 경우, 명수 지정은 광대하여 정식으로는 '미야노우라다케의
> 물'이라고 부르고 있다. 야쿠 섬의 최고봉인 미야노우라다케에서
> 사방팔방으로 흘러 내리는 물은 모두 명수인 것이고, 그 의미에
> 서는 우리들이 사는 시라코 천의 물도 명수이다. 우리들은 그 물
> 을 끌어들여 쓰며 일상생활 속에서 늘 그 은혜를 입고 있다.
>
> (『여기에 사는 즐거움』 이반 옮김 도솔 99쪽)

미다케는 가고시마현의 베스트셀러로, 유행을 타지 않고 꾸준하
게 잘 팔리는 상품이다. 미다케 역시 코가네센간 품종 고구마에 흰
누룩을 배합해 빚는다. 미다케는 끝맛이 상쾌한 것이 특징이다. 한
고구마 소주 품평 사이트(별 5개 만점)는 미다케에 대해 맛은 별 네
개, 향도 별 네 개를 줬다. 다만 쉽게 살 수 없다는 단점 때문에 구
입 난이도에서 별 두 개를 받았다.

원령공주의 섬 야쿠시마

안보강 상류계곡

미야노우라강 하구

파랗게 물들 것 같은 바다 위에 벨
벳과 같이 울창한 짙은 녹색의 산들
이 갠 하늘을 향해 기립해 있었다.
해발 천 미터에서 천오백 미터의 산
등성이에 야쿠시마 삼나무가 번성
한다.

야쿠시마를 사랑한 사람들

# 작가 온다 리쿠와
# 하야시 후미코

온다 리쿠(恩田陸).

일본 소설에 관심 있는 독자라면 이 여성 작가를 잘 알 것이다. 물론 내가 가장 좋아하는 작가이기도 하다. 온다 리쿠는 『밤의 피크닉』 『삼월은 붉은 구렁을』 『초콜릿 코스모스』라는 작품을 통해 한국에도 많은 팬들이 있다. 그는 또 다른 작품 『흑과 다의 환상』에서 바다에서 바라보는 야쿠시마를 "가운데가 높다란 삼각 주먹밥 같은 모양이다."라고 표현했다. 소설 『흑과 다의 환상』은 학창 시절 친구 네 명이 도시와 동떨어진 Y섬(야쿠시마)을 찾아 가는 여정을 담고 있다. 그들은 숲속을 걸으며 수수께끼 같은 인생 이야기를 풀어 놓는다.

이 책에는 이와사키 호텔을 묘사한 장면도 나온다.

어둠이 밀려드는 울창한 산 중턱을 오르자, 근사한 호텔이 우뚝 솟아 있었다. 아직 새것이다. 안에 들어가자 상상했던 것 이상으로 본격적인 리조트 호텔이라 놀랐다. 위아래 층이 트인 로비는

높다란 천장 바로 밑까지 한 면이 온통 유리로 되어 있고, 그 너
머로 구름을 두른 파란 산이 하늘을 향해 뻗어나가고 있었다. 어
딘지 모르게 두려움마저 느껴지는 훌륭한 전망이었다.(『혹과 다의
환상』 상권 권영주 옮김 북폴리오 89쪽 )

실제로 이 호텔에 들어서면 조몬스기를 축소해 놓은 모형 삼나
무가 입을 쩍 벌어지게 만든다. 나무 크기가 호텔 5층까지 이르기
때문이다. 이곳은 야쿠시마를 배경으로 한 송일곤 감독의 영화 〈시
간의 숲〉에도 등장한다. 주인공 박용우 씨와 일본인 배우 타카기
리나 씨가 호텔에서 정겹게 대화를 나누는 장면에서다.

이와사키 호텔 객실은 바다 전망이 보이는 방과 산을 배경으로
한 방으로 나뉜다. 어디를 선택하든 후회할 일은 없다. 바다는 바다
대로, 산은 산대로 절경을 선물하기 때문이다. 호텔 로비에서 바라
보는 야외 정원과 그 위로 펼쳐진 산악 풍경이 인상적이다.

야쿠시마 여행의 주목적은 수천 년 된 삼나무들을 보기 위해서
다. 야쿠시마를 지키는 산신령 같은 나무들을 보려고 발길을 떼는
순간부터 산악의 형세는 급변한다. 온다 리쿠는 이렇게 적었다.

해안선을 벗어나서 아직 5분도 채 나서지 않았는데 주변은 완전
히 산악지대로 변한다. 내내 깊은 계곡이 되어 산속 깊은 곳으로
우리를 유인한다. 밀도가 높은 울창한 초목이 산면을 가득 메우
고, 이어지는 산들은 아무리 앞으로 나아가도 끝이 보이지 않는
다. "정말 신기하다, 이게 섬이라니." (같은책 상권 191쪽)

작가 온다 리쿠와 하야시 후미코

이와사키호텔 로비

온다 리쿠는 야쿠시마의 숲을 통해 인생을 들여다본다. 앞이 보이지 않는 안개속 같은 인생을 찬찬히 걸어가다 보면, 마침내 안개가 걷히고 소울메이트 같은 누군가를 만나게 된다는 메시지다.

> 우리는 누구나 숲을 가지고 있다. Y섬의 숲보다 넓고 태고의 원시림보다도 거대한, 눈에 보이지 않는 숲을. 우리는 숲을 걷는다. 지도가 없는 숲을. 어디까지 이어질지 알 수 없는, 어둡고 끝없는 숲길을. 나는 이 숲길을 사랑하련다.(같은 책 하권 322쪽)

## 근대 작가 하야시 후미코가 본 야쿠시마

온다 리쿠와 함께 야쿠시마를 배경으로 소설을 쓴 또 다른 작가가 있다. 하야시 후미코(林芙美子: 1903~1951)다. 생소한 이름일 수도 있겠다. 그렇지만 일본 근대 문학의 한 축을 이룬 작가다. 가고시마현 출신의 어머니를 둔 후미코 역시 내겐 각별한 존재다. 일생을 불운하게 살다간 하야시 후미코는 외로움을 문학으로 풀었다. 배고프고 주변의 멸시속에서 살아온 삶을 반영한 첫 작품 『방랑기放浪記(1930)』를 비롯해 일본 전후의 황폐한 양상을 그린 『부운 浮雲(1949)』(우리말 번역 『뜬구름』) 등을 발표해 커다란 호응을 얻었다.

온다 리쿠가 야쿠시마를 '삼각 주먹밥' 모양으로 표현했다면, 후미코는 이 섬을 "한 달에 35일은 비가 온다"고 했다. 비가 많이 오는 섬이라는 것을 상징적으로 보여주는 대목이다. 후미코의 이 문장은 그 이후 야쿠시마를 소개할 때 빠지지 않고 등장하는 말이 됐다.

중급 호텔인 '호텔 야쿠시마 산소우'는 후미코가 『부운』을 집필

한 장소로 알려져 있다. 이 작품은 전후 일본 영화의 대표적 감독 중 한사람으로 꼽히는 나루세 미키오 감독에 의해 영화로도 만들어졌다. 나는 관광객들을 현지 안내하면서 자주 이곳에 묵었다. 후미코가 남긴 유명한 구절을 되새기면서 말이다.

'꽃의 생명은 짧고 힘든 날만이 많으니'

인생을 꽃에 비유한 구절로, 책 제목처럼 결국 인생은 뜬구름과 같다는 것을 알려준다. 언덕에 우뚝선 야쿠시마 산소우에서 내려다보면 안보강 주변의 경치가 한눈에 들어온다. 강 한쪽에는 유람선들이 떠 있고, 멀리 방파제 쪽에는 수많은 어선들이 몸을 묶고 있다. 후미코는 이런 풍광을 바라보면서 1940년대 야쿠시마를 이렇게 썼다. 지금의 야쿠시마 모습과 별반 차이가 없다.

"파랗게 물들 것 같은 바다 위에 벨벳과 같이 울창한 짙은 녹색의
산들이 갠 하늘을 향해 기립해 있었다. 해발 천 미터에서 천오백
미터의 산등성이에 야쿠시마 삼나무가 번성한다"

야쿠시마를 방문하면 작가가 머물렀던 야쿠시마 산소우에서 1박을 하며 비오는 안보강의 정취에 젖어보는 것은 어떨까. 그녀의 『부운』을 읽었다면 더욱더 특별한 추억이 될 것이다.

하야시 후미코(林芙美子: 1903~1951)

안보강 하구의 모습 - 유람선 이름이 하야시 후미코의 소설 제목인 부운(뜬 구름)이다

안보마을 - 안보강 하구에 있는 작고 평화로운 마을이다

# 〈원령공주〉와
# 미야자키 하야오 감독

## 미야자키 하야오 감독과 민박집 여주인의 인연

"미야자키 하야오 감독님 덕에 야쿠시마가 유명하게 됐어요. 섬의 자랑이죠."

이렇게 말한 사람은 야쿠시마에서 스이메이소우(水明莊)라는 민박집을 운영하는 오카미 씨이다. 오카미(女將)는 전통 료칸이나 민박집의 여주인, 여사장을 말한다. 일본 여행을 즐기는 독자들이라면 한번쯤은 들어봤을 것이다. 야쿠시마가 미야자키 하야오(宮崎駿) 감독의 애니메이션 〈원령공주〉의 모티브가 되었던 곳이라는 것은 이미 잘 알려진 사실이다. 하야오 감독이 처음으로 스이메이소우를 방문한 건 1995년 5월이다. 애니메이션 담당 스태프들과 동행했다. 하야오 감독이 방문했을 당시, 다른 손님들은 전혀 눈치채지 못했다고 한다.

스이메이소우는 야쿠시마의 남동부 안보(安房) 마을에 있다. 그 옆을 흐르는 안보강과 산이 절경을 이루는 곳이다. 하야오 감독은 이 민박집에 머물면서 영화의 캐릭터를 구상하고 아이디어를 얻었다. 그런 2년 뒤인 1997년, 영화가 개봉됐다. 〈원령공주〉는 숲을 파괴하려는 세력에 맞서 싸우는 주인공 이름이다. 영화는 상업적으로도 꽤 성공했는데, 당시 일본 최다 관객(1320만 명)을 동원했다. 일본 국민 열 명 중 한 명이 관람한 셈이다.

내가 스이메이소우를 찾은 것은 올해(2018년) 6월 15일이다. 그전날 저녁, 나는 스이메이소우 인근에 있는 니나라는 카페 겸 바에서 고구마소주를 마시며 여독을 풀었다. 이 가게의 주인은 야토우게 씨로, 나와 알고 지낸지는 7~8년이 넘었다. 그는 직접 바다로 나가 고기를 잡는 젊은 어부인데, 그 신선한 재료로 안주거리를 내놓는다. 그의 특기인 숙성회는 일품이다. 나는 그에게 "내일 스이메이소우의 오카미상을 방문할 예정인데, 미리 약속을 잡아줄 수 있느냐"고 부탁했다. 그는 곧바로 통화를 하더니 "내일 오후 5시 지나서 찾아가면 된다"고 말했다. 그는 나보다 열여섯 살이나 어리지만 우리는 친구로 지낸다. 이 친구의 배려가 고마웠다.

다음 날 5시경, 나는 스이메이소우로 향했다. 현관문을 열고 들어갔더니 오카미상이 날 반갑게 맞아 주며 명함을 내밀었다.

"이와카와 야스코라고 합니다."

그녀는 "가고시마현에 있는 이브스키 출신"이라고 자신을 소개했다. 이와카와 씨는 "오늘이 57세 생일"이라며 "생일날 한국에서 손님이 왔다"고 웃으며 말했다.

이 민박집은 좀 오래되기는 했지만 분위기는 아늑해 보였다. 거실 중앙에는 하야오 감독의 흔적이 있었다. 방문 당시 함께왔던 사람들과 찍었던 사진이 벽에 붙어 있었다. 벽면 오른쪽에는 피아노

스이메이소우 거실 - 미야자키하야오 감독이 그려 준 캐릭터들

가 놓여 있는데, 그 위에 캐릭터 그림 3장이 액자로 전시돼 있었다. 이 집 아들에게 하야오 감독이 선물한 그림이라고 한다. 이와카와 씨는 "1998년 영화가 개봉되고 나서 감독님이 또 다시 우리 집을 방문했다"며 "그때 감독님이 5분 만에 우리 아이들을 위해 그려 주셨다"고 말했다. 각각의 캐릭터 그림에는 이와카와 씨의 아들 셋(타쿠모리, 마로유키, 쇼타) 이름이 적혀 있었다. 하야오 감독은 두 번째 방문 당시 야쿠시마 삼나무인 야쿠스기 공예 제작을 배우고, 쪽배에서 유람을 즐기고, 고구마소주를 마시며 시간을 보냈다고 한다.

이와카와 씨는 "10년 전에 남편과 함께 서울을 방문한 적이 있다"며 "한국에 한국인 친구도 있다"고 말했다. 그 말에 이와카와 씨가 더 정겹게 느껴졌다. 이야기를 끝내고 나오려는 순간, "잠깐만

시라타니운스이 계곡

요"라며 나를 불러 세웠다. 그녀는 내게 작은 선물을 건넸다. "남편이 만든 열쇠고리"라고 했다. 뜻밖의 성의가 너무 고마워 나는 서울에서 가져온 김으로 보답을 했다. 이렇듯 민박집 스이메이소우는 하야오 감독과 〈원령공주〉를 이어준 특별한 공간이다.

### 숲에서 '원령공주'를 만나다?

영화 〈원령공주〉의 주된 배경은 시라타니운스이 계곡(白谷雲水峽)다. '흰 골짜기와 구름, 물이 어우러진 협곡'이라는 뜻을 가진 곳이다. 이름에 '희다'(白)는 의미의 '시라'라는 말이 붙은 건 왜일까. 숲이 온통 푸르름 천지인데, 오히려 푸를 청(靑)을 넣는게 시각적으로 더 선명하지 않을까. 하지만 그렇지 않다. 실제로 시라타니운스이 계곡에 와보면 그 이유를 알게 된다. 계곡 입구에서부터 어마어마한 바위들이 나타난다. 그리고 엄청난 수량의 계곡물이 귓전을 때린다. 이 바위들과 계곡물이 흰 색을 대변하고 있는 것이다. 계곡을 오르다보면 왜 미야자키 하야오 감독이 이곳에 반하게 됐는지를 알게 된다. 시라타니운스이 계곡에서 타이코이와(太鼓岩)로 이어지는 5.6킬로미터 구간은 힐링을 위한 최적의 장소다. 계곡 입구에 있는 관리사무소에 환경보전기금 500엔을 내면 지도를 겸한 안내서를 받을 수 있다. 〈원령공주〉 개봉 이후 안내도에는 '원령공주의 숲'이라고 표기가 되어 있었다. 그런데, 언제부턴가 '코게무스모리(이끼 무성한 숲)'로 표기가 바뀌어 있었다.

나는 한참 후에야 그 이유를 알게 됐다. 영화 제작사 측에서 협력금(환경보전기금)을 징수하는 임야청(林野庁)에 "금전 징수에 사용

시라타니운스이 계곡 – 이끼 무성한 숲의 정령 코다마가 놓여 있다

되는 것은 동의할 수 없다"고 입장을 표했던 것이다. 그 이후 '원령
공주의 숲'이라는 표기는 할 수 없게 됐고, 결국 '이끼 무성한 숲'으
로 바뀌게 되었다고 한다. 시라타니운스이 계곡은 계곡물도 장관이
지만 특히 이끼류가 아름답다. 맑은 날에는 이끼가 말라 건조해 보
이지만, 비가 내린 다음날 찾아가면 벨벳같이 보드랍고 촉촉한 아
름다운 이끼를 그대로 느낄 수 있다.

　계곡을 오르다보면 중간 중간에 숲의 주인들과 마주친다. 원숭
이들이다. 한꺼번에 서너 마리씩 보이곤 하는데 우리가 원숭이를
구경하는지, 원숭이가 우리를 구경하는지 모를 정도다. 원숭이는
버스로 관광하는 서부임도(西部林道)에서도 자주 볼 수 있다. 이 길
은 차 한 대가 겨우 지나갈 정도로 좁다. 그래서 속도를 전혀 낼 수

〈원령공주〉와 미야자키 하야오 감독

서부임도에서 자주 만나는 야쿠시마 원숭이

없다. 이 길 역시 주인은 원숭이들과 사슴들이다. 비가 오는 어느 날이었다. 버스 창문 옆으로 원숭이 가족이 보였다. 아기 원숭이를 안은 엄마 원숭이를 포함해 가족들이 표지석 밑에서 비를 피하고 있었다. 그 모습을 보고 가슴이 짠했다.

야쿠시마는 원형에 가까운데, 시계 바늘 방향으로 설명하면 이해하기가 쉽다. 시계가 한 바퀴 도는데 거리는 132킬로미터 , 차로 한바퀴 도는 데는 2시간 30분 정도 걸린다. "여러분 시계 2시 방향에는 OO가 있고, 5시 방향에는 OO가 있습니다"라는 식으로 고객들에게 설명을 한다. 원시림을 끼고 도는 서부임도는 8시와 10시 사이에 있다.

다시 시라타니운스이 계곡 깊숙하게 들어가면 갈수록 어디선가 뭔가 금방이라도 튀어나올 듯한 기분이 든다. 영화에 등장하는 나무의 정령 '코다마'와 사슴신 '시시가미'다. 코다마는 한자로는 목령(木靈)이라고 쓴다. 나무에 붙어있는 영혼이라는 뜻이다. 외계인처럼 생긴 코다마들이 무리를 지어 어디선가 우리 등산객들을 숨어서 쳐다보고 있을지도 모를 일이다. 매번 이런 즐거운 상상을 하게 된다. 일본 등산객 몇 사람이 귀여운 코다마 피규어를 갖고 와 나무에 올려 놓고 사진을 찍는 것을 보기도 했다.

최근에 코스의 마지막인 타이코이와에 올랐던 날은 비가 왔다. 바위에는 큰 북인 타이코(太鼓)라는 이름이 붙어 있다. 바위를 두드리면 북 소리가 난다고 해서 그런 이름이 붙었다는 설이 있다. 또 옛날 나무를 벌채하면서 신호를 보낼 때 여기서 북을 쳤다고 하는 설도 있다. 영화 〈원령공주〉에서 늑대 엄마가 휴식을 취하던 큰 바

타이코이와 – 시라타니운스이 계곡 마지막 코스인 이곳에 오르면 야쿠시마 섬의 산들이 한눈에 보인다

위가 바로 여기다. 영화를 보고 이 바위를 찾는 등산객들이 많아졌다고 한다. 거꾸로 이 바위에 오르고 나서 영화를 다시 보는 사람들도 적지 않다.

주변이 확 트이고 우뚝 솟은 이 바위에 오르면 야쿠시마의 산들이 한 눈에 들어온다. 그런 경치를 바라보면서 폴짝 뛰며 사진을 찍는 사람들이 있는데 나는 이 장면이 위험하고 불안해 보였다. 내가 올랐던 날은 바위 아래가 안개로 뒤덮여 아무 것도 보이지 않았다. 난 오히려 이런 풍광이 더 운치가 있었다. 몽환적이고 신비스럽게 느껴졌기 때문이다. 바위 옆에 멀찌감치 떨어져 있는 나목(裸木) 한 그루는 이 바위를 지키고 있는 듯하다. 독자들이 이곳을 가게 된다면 꼭 한번 이 나무를 찾아보기 바란다.

### 하야오 감독과 조엽수림

말이 나온 김에 하야오 감독 얘기를 좀 더 해보자. 명문 가쿠슈인 대학에서 정치경제학을 공부한 감독은 1963년 영화사 도에이동화(東映動畵)에 입사해 애니메이터의 길을 걸었다. 한국 나이로 78세(1941년생)인 그는 50년 넘게 애니메이션 제작에 힘을 쏟아 부었다. 여러 번 은퇴 선언을 하고 번복한 소동 과정에서 나는 애니메이션에 대한 그의 열정을 느낄 수 있었다.

그는 여러 작품 중에서도 〈원령공주〉에 대한 애착이 컸다고 한다. 영화에는 인간이 자연을 파괴하거나, 훼손시키더라도 자연은 인간에 보복하지 않고 스스로 환경을 복구시킨다는 의미가 깔려있다. 인간, 자연, 공생, 순환, 생태 같은 말들이 하야오 감독의 키워드

인 것이다. 나는 가끔 '감독의 이런 사상은 어디에서 출발했을까'라고 생각해봤다. 또 '그는 왜 야쿠시마의 시라타니운스이 계곡을 영화의 배경지로 삼았을까'라고도 생각해봤다. 그러던 중 야쿠시마가 세계자연유산에 등재된 요인 중 하나인 조엽수라는 단어가 떠올랐다. 일본어로 조엽수림은 쇼요주린(しょうようじゅりん)이라고 읽는다. 이 단어에 대한 설명을 찾아보니 이렇게 나와 있었다.

아열대 삼림의 일종으로, 높은 습도와 상대적으로 안정적이고 온화한 기온을 가진 곳에서 발달한다. 상록 활엽수가 주된 수종이다. 이들 수종의 나뭇잎은 주로 기름진 윤기와 광택이 있다

한마디로 쉽게 말하자면, 사시사철 푸른 상록 활엽수라는 것이다. 예를 들면 "동백꽃이 여기에 해당될 수 있다"고 식물 전문가에게 들었다. 나는 일본 자료를 좀 더 찾아 봤다. 그러다 한 잡지 인터뷰 기사에 눈이 꽂혔다. "하야오 감독이 지금까지 나카오 사스케의 '조엽수림문화론'에 천착해왔다"는 대목을 발견한 것이다.

나카오 사스케는 누구이며, 또 조엽수림문화론은 뭘까. 식물학자인 나카오는 1958년 일본인으로는 처음으로 히말라야의 나라 부탄을 방문했다고 한다. 그는 네팔 등 히말라야 조엽수림대의 식물 생태계를 조사하면서 그곳 사람들의 문화 생활이 일본과 공통점이 많다는 점을 발견했다. 이후 그는 이를 정리해 '조엽수림문화론'(照葉樹林文化論)을 제창하게 되었다. 다시 말하면 조엽수림문화론은 히말라야 산맥에서부터 한반도 남부를 거쳐 일본에 이르기까

〈원령공주〉와 미야자키 하야오 감독

지 조엽수림 지대가 형성되었고, 각지에서 그 수림에 의지해 문화가 만들어졌다는 학설이다.

우리에게 낯설고 생소한 이 단어가 야쿠시마에서는 흔하게 사용되고 있다. 그들에게는 일상어인 것이다. 심지어 기념품 포장지에도 조엽수림이라는 한자로 도배되어 있다. 독자들도 야쿠시마에 가면 이 글자의 의미에 대해 한 번 알아보기 바란다.

### 야쿠시마 숲에 산다는 '야마히메'

사족 하나 더. 나는 가끔 이런 생각을 한다. '하야오 감독이 야쿠시마에 전해 내려오는 야마히메 이야기에서 〈원령공주〉의 아이디어를 얻은 것은 아닐까' 하고 말이다. '야마히메'(山姬)는 야쿠시마의 숲을 지켜준다는 요정이다. 옛날부터 야쿠시마의 노인들은 아이들에게 "야쿠시마의 산속 깊은 곳에는 야마히메라는 요정이 살고 있단다. 그러니 너무 깊은 산에는 들어가지 말아야 한다"고 말했다고 한다. 노인들의 얘기를 좀 더 들어보자.

"야마히메는 예쁜 소녀의 모습을 하고 있단다. 머리는 방금 씻은 듯 윤기가 흐르고 풀어 내린 머리는 뒤로 길게 늘어뜨리고 있지. 그리고 정장에 주홍색 하의를 입고 나타난단다."

"야마히메는 나무의 정령이지. 그러니 음력 설날과 산신제 날에는 절대 산에 가지 마라. 이날 야마히메가 제사에 사용할 바닷물을 긷기 위해 나무통을 가지고 내려온단다."

원령공주의 섬 야쿠시마

부케스기(武家杉) 시라타니운스이 계곡에 있다

"만약 야마히메를 만나게 되면 먼저 웃도록 해라. 야마히메가 먼저 웃으면 순식간에 목의 피를 빨리게 된단다. 오히려 야마히메가 화를 낼 때는 안전할거야."

"야마히메는 처음에 절대 정면 얼굴을 보여주지 않지. 뒷모습을 먼저 보인단다. 그리고 옆으로 얼굴을 흔들며 옆모습을 보여. 이 때 야마히메가 웃는데, 따라 웃었다가는 피를 빨리게 된단다. 그러면 그 사람은 이제 영원히 돌아오지 못해. 웃지 않고 계속 노려보면 야마히메는 떠나가 버리지."

"야마히메를 만나면 짚신 끈을 끊고 침을 뱉어 던져라. 아니면 지게의 끈을 끊어 던져야 해. 그러니 지게의 한쪽 끈은 반드시 길게 늘어뜨려 놓아라. 야마히메는 샤미센을 연주하며 노래를 부르기도 해. 아기를 안고 있는 것도 있어."

이런 종류의 말들은 야쿠시마 아이들이 깊은 산속으로 들어가지 못하도록 하는 '경계의 말'이 되었다고 한다. 이는 수천 년 된 삼나무를 신목(神木)이라고 여기며 가까이 가지 않는 풍습과도 같은 맥락이다. 나라마다, 지방마다 산을 지키는 신 이야기는 존재할 것이다. 나는 전설의 계곡 시라타니운스이 계곡을 내려오면서 불현듯 이런 생각을 했다. '아직도 원령공주는 야쿠시마에 살고 있을까.'

# 농부로 살다 간 야쿠시마의 구도자
# 야마오 산세이

## 와세다 대학을 다닌 도쿄의 사내

2001년 8월 28일, 야쿠시마의 한 농부가 세상을 떠났다. 평범한 농부는 아니었다. 하루의 절반은 농사를 짓고, 그 나머지 절반은 시를 쓰고 책을 읽었다. 그의 이름은 야마오 산세이(山尾三省 1938~2001)다. 사람들은 그를 '일본의 헨리 데이비드 소로우' '농부 시인' '농부 철학자'라고 부른다. 야쿠시마에서 밭을 일구며 흙을 사랑한 그는 예순둘의 나이에 흙으로 돌아갔다.

야마오 산세이는 영화 〈시간의 숲〉에서 큰 비중을 차지한다. 2010년 12월 촬영 당시, 야마오 산세이는 이미 세상에 없었다. 송일곤 감독은 야마오 산세이의 손때가 묻은 서재와 삶의 공간을 담기 위해 카메라를 들이댔다. 나는 현지 통역을 하면서 그 장면을 지켜보았다. 우리는 사전촬영과 본 촬영을 위해 두 번 집을 방문했다. 독자들의 이해를 돕기 위해 한국 사람들에게 다소 낯선 야마오 산세이의 인생 이력을 잠시 소개하겠다.

도쿄 태생인 야마오 산세이는 와세다 대학 서양 철학과를 중퇴

야마오 산세이(山尾三省: 1938~2001)

했다. 서른 중반까지 평범하게 도쿄에서 살았다. 그러다 홀연 가족을 데리고 열도의 최남단 섬인 야쿠시마로 들어간 것이 1977년이었다. 그의 나이 서른일곱 살 때였다. 도쿄에서 야쿠시마까지, 귀농치고는 너무 먼 거리였다. 한국으로 보면, 서울에서 마라도로 귀농한 격이다. 야마오 산세이는 야쿠시마에 새로운 둥지를 틀기 전 지인들과 '부락'이라는 지역문화공동체를 만들었다. 세상을 조금이나마 바꾸어 보자는 열망을 가졌던 것 같다. 이후 그는 야쿠시마로 이주해 자신만의 부락을 꾸렸다. 정착한 곳이 시라코야마 마을이다. 잇소에서 가까운 이 마을은 20가구가 채 되지 않는 조그만 촌락이다. 야마오 산세이는 평소 "섬에는 바다에서 열흘, 산에서 열흘, 밭에서 열흘이라는 말이 있다"고 강조했다. 바다에서는 어부, 산에서는 나무꾼, 밭에서는 농부로 살았던 것이다. 그는 그렇게 살았다. 그는 섬의 모든 생명을 스승으로 섬기며 살았다. 게다가 집을 직접 수리하는 목수, 시를 쓰는 시인, 명상을 하는 철학자의 삶을 아울러 살았다. 그가 왜 이곳 남쪽의 작은 섬 야쿠시마에 들어와 살게 되었을까? 다음 시를 읽어보자.

왜 너는 도쿄를 버리고 이런 섬에 왔느냐고
섬 사람들이 수도 없이 물었다
여기에는 바다도 있고 산도 있고
무엇보다도 수령 7천 2백 년이나 된다는 조몬 삼나무가
이 섬의 산 속에 절로 나서 자라고 있기 때문이라고 대답했지만
그것은 정말 그랬다 조몬 삼나무의 영혼이

농부로 살다 간 야쿠시마의 구도자 야마오 산세이

이 약하고 가난하고 자아와 욕망만이 비대해진 나를

이 섬에 와서 다시 시작해 보라고 불러 주었던 것이다

(왜 – 아버지에게 중에서)


## 자연—동물과 공생을 하며 살다

영화 촬영이 끝나고 한국에 돌아왔지만, 나는 야마오 산세이의 삶이 더 궁금해졌다. 이후 그가 쓴 책 『여기에 사는 즐거움』(이반 옮김 도솔 2002)을 읽어 보았다. 책에서 특히 인상적이었던 부분은 '사슴과의 전쟁'이었다. 농사를 짓다보면 애써 기른 농작물을 동물들이 먹어치우는 일이 허다하다. 야쿠시마에서는 사슴이 특히 그렇다고 한다. 야마오 산세이는 비료를 전혀 쓰지 않고 자연농법으로 작물을 키웠다. 그는 자신의 농작물에 피해를 입히는 사슴에 대응하기 위해 밭에 그물도 치고, 새총으로 쏘기도 했다. 보통의 농부라면, 이런 사슴을 기어이 잡아 죽이고 말았을 지도 모를 일이다. 하지만 야마오 산세이는 그렇게 하지 않았다. 그가 택한 방법은 사슴이 먹지 않는 농작물을 키우는 것이었다. 대표적인 것이 토란이었다.

야마오 산세이는 책에서 "대개의 야채는 새싹 단계에서 사슴에게 뜯어 먹혀 버리고 마는데, 웬일인지 토란 싹에는 덤비지 않는다"며 "그래서 토란을 기른다"고 했다. 날 토란이 아린데다 입안이 얼얼할 정도로 맵기 때문이라고 한다. 이는 원숭이도 마찬가지다. 야마오 산세이는 이렇게 말한다.

사슴과 원숭이가 먹지 않고 인간만이 먹을 수 있는 것을 재배하

면 쓸데없는 싸움을 그네들과 하지 않아도 되므로 이쪽도 온화하
게 살 수 있다. 오랜 세월에 걸쳐서 마침내 그런 단순한 공생의 원
리에 생각이 이르렀다.

죄 없는 짐승을 죽일 필요도 없고, 그들과 싸울 시간 낭비도 하
지 않으니 얼마나 지혜로운 삶인가. 야마오 산세이는 또 야쿠시마
의 삼나무들을 숭배했다. 특히 조몬스기에 대해서는 '성스러운 노
인'이라고 표현했다. 그는 '성스러운 노인'이라는 시에서 이렇게 읊
었다.

야쿠시마 산 속에

성스러운 노인이 서 있는데

그 나이 어림잡아 7천 2백 살이라더니

딱딱한 껍질에 손을 대면

멀고 깊은 성스러운 기운이 스며든다(이하 생략)


야마오 산세이는 이런 조몬스기를 자신만의 '가미'(神)로 삼았다. 가미는 절대자로서의 신이 아닌, 세상 여기저기에서 흔히 볼 수 있는 정령들을 일컫는다. 야마오 산세이는 세상 사람들에게 자신만의 '가미'를 가지라고 권한다. 야마오 산세이의 삶을 더 알고 싶은 독자들이 있다면 그의 다른 책 『애니미즘이라는 희망』(김경인 옮김 달팽이출판 2012)을 추천하고 싶다. 오키나와 류큐대학에서의 강연을 묶은 책으로, 『여기에 사는 즐거움』보다 더 폭넓은 지식과 사상을 담고 있다.

야마오 산세이는 말기암으로 10개월 투병생활을 하다 세상을 떠났다. 그는 죽으면서 가족들에게 "당신들은 당신들의 방식으로 세상을 사랑하면 됩니다"라는 유언을 남겼다. 숲의 구도자다운 마지막 말이다. 그런데 무슨 바람이 불은 걸까. 나는 오랫동안 잊고 있었던 야마오 산세이의 집을 다시 찾아가 보기로 했다.


**8년 만에 다시 찾은 야마오 산세이의 집**

"하루미 여사님. 정말 오랜만에 연락 드립니다."

몇 번의 전화 통화 끝에 하루미 씨와 연결이 되었다. 하루미 씨는 8년 전 영화 촬영을 생생하게 기억하고 있었다. 그런데 목소리가 밝지 않았다. '혹시 건강이 좋지 않은 걸까'라고 생각했다. 나는 "한 달 뒤 시라코 마을로 찾아 가겠다"고 말했다. 그러자 하루미 씨는 "그때 내가 없을지도 모르겠다"며 "근처에 사는 시동생에게 이야기 해놓겠다"고 했다. 나는 야마오 산세이의 동생이 시라코 마을에 살고 있다는 말은 처음 들었다. 나는 잠시 8년 전 영화 촬영 당시를 떠올렸다.

내가 하루미 씨를 처음 만났을 때 그 분의 나이는 55세였다. 세월이 지나 지금은 환갑을 넘어 63세가 되었다. 남편이 세상을 떠날 때만큼의 나이가 된 것이다. 야마오 산세이는 첫 부인과 사별했다. 하루미 씨는 1989년 야마오 산세이와 결혼하면서 야쿠시마로 들어오게 되었다.

영화 촬영팀을 맞은 하루미 씨는 우리에게 "좀 망설였다"고 말했다. 한국 사람들의 방문이 흔하지 않은데, 영화 촬영까지 한다고 하니 선뜻 집을 공개하기가 내키지 않았다는 것이다. 그런데도 하루미 씨는 자신의 집을 공개했다. 그런 점에서 나는 하루미 씨를 통해 '기쿠바리'(気配り)를 느낄 수 있었다. 이 말은 '상대에 대한 마음 씀씀이, 배려' 등을 의미한다. 당시 통역을 하면서 적었던 수첩을 찾아보니 하루미 씨가 이런 말을 한 것으로 적혀 있었다.

### '지구즉지역, 지역즉지구'의 의미
"산세이 씨는 도쿄에서 태어나 그곳에서 성장했어요. 그래서 도시를 부정하지는 않았습니다. 지금 자신이 살고 있는 장소에서 즐거움이나 사는 의미를 찾아내는 것이 중요합니다. 남편은 이를 '지구즉지역, 지역즉지구(地球卽地域, 地域卽地球)'라고 말합니다."

수첩을 계속 읽어보니 산세이가 야쿠시마에 들어오게 된 이유도 나왔다.

"당시 야쿠시마에서는 야쿠스기의 벌목이 진행되고 있었습니다. 그것에 반대하는 청년 집단이 있었지만, 삼림 벌채는 당시 국가정책이었기 때문에 반대하기가 쉽지 않았어요. 주민들은 전국의 여론을 이용했어요. 그렇게 대응하는게 상책이었던거죠. 그래서 섬 밖에서 영향력이 있고 발언력이 강한 사람이 왔으면 좋겠다고 생각했던 것 같아요. 산세이가 그런 이야기를 들은거죠. 삼림 벌채 반대운동에 참여하면서 섬으로 이주 결심을 했습니다. 그러면서 자연스럽게 조몬스기를 마음에 들어 했어요."

부부가 살던 시라코 마을은 처음에 어떻게 형성됐을까. 하루미 씨는 이렇게 말했다.

"1945년 전쟁이 끝나고 나라에서 '놀고 있는 땅을 개발하라'고 명령을 내렸습니다. 그때 시라코 마을이 개발되었다고 합니다. 하지만 얼마 후 주민들이 다 나가버려 폐촌이 됐죠. 그러자 남편은 일부러 거처를 거기에 마련했어요. 다른 마을에 있던 집을 옮겨오고, 함께 마을을 만들면서 친구들을 불러 모았어요. 그래서 지금의 마을이 됐어요. 열 대여섯 채가 모이게 된 겁니다. 대규모로 농업을 하는 사람은 거의 없고, 자신들이 먹을 만큼만 생산하죠. 자급자족이죠. 산세이 역시 그랬어요. 밭 경작, 목욕물을 데우기 위한 장작

내게는 모든 돌들이 다 성스럽고 그것을 모아둔 책상 위는 말하자면 내게는 성역이다 - 야마오 산세이 책상

줍기, 집수리가 주된 일상이었어요. 그리고 직업으로 시를 썼고, 일 년에 몇 차례 섬 밖에서 낭독회 등을 했습니다."

내가 집을 방문했을 당시, 하루미 씨의 막내아들은 고등학교 1 학년이었다. "야쿠시마 고등학교에 다니고 있다"며 아들 이야기를 했던 기억도 생생하다. 수첩의 마지막 부분을 더 읽어 내려갔다. "한 국은 어떤지 모르겠지만, 아직도 설날이 되면 마을 공동으로 떡을 쳐서 나누어 먹습니다. 마을 사람들이 모두 나눠 먹어야 하기 때문 에 그 날은 하루 종일 떡을 빚습니다." 사실 우리 촬영 팀도 설날에 떡을 빚어 먹는 행사를 촬영하려고 했었다. 하지만 주민들이 자신들

만의 소박한 행사로 치르고 싶다고 하는 바람에 촬영을 포기했다.

8년 만에 시라코 마을을 찾아가던 날은 날씨가 청명했다. 자동차 한 대가 겨우 지나갈 정도의 좁은 길을 따라 마을로 올라갔다. 그러다 중간에 마을에서 내려오는 차를 한 대 만났다. 운전자는 중년 여성이었다. 나는 "야마오 산세이 선생님의 집이 어디쯤이죠"라고 물었다. 이 여성은 빙그레 웃으며 "당신이 오늘 온다는 이야기를 들었다. 나는 야마오 산세이의 동생 부인"이라고 말했다. 나도 덩달아 웃음을 터트렸다. 이 여성은 "하루미 씨는 지금 여기에 없다. 우리 남편이 기다리고 있으니 올라가 보라"고 말을 이었다. 차를 몰고 10여 분을 더 달렸다.

이윽고 집 한 채가 눈에 들어왔다. 야마오 산세이의 동생 야마오 아키히코 씨의 집이었다. 아키히코 씨가 나를 발견하곤 집 밖으로 나왔다. 그는 나를 야마오 산세이의 집으로 안내했다. 집 주위엔 수국과의 꽃이 만발해 있었다. 아키히코 씨는 "가꾸 아지사이"라고 말했다. 아지사이는 수국의 일본어다. 올해 72세인 아키히코 씨는 "형인 야마오 산세이와는 여덟 살 차이가 난다"고 했다.

"여기 오기 전에 요코스카에 살았어요. 거기서 라이브 하우스 카페를 운영했죠. 휴가를 맞아 형님을 만나러 야쿠시마에 왔다가 정착을 하게 됐어요. 그때가 마흔 살이었죠. 우리는 5남매였는데, 아버지가 자동차 수리업을 했어요. 풍족하지도, 가난하지도 않게 도쿄에서 살았죠."

아키히코 씨는 닫혀 있던 덧문을 걷어 내더니 서재 안으로 들어오라고 했다. 야마오 산세이의 서재는 여전했다. 오랜 시간 사람의

원령공주의 섬 야쿠시마

아직도 발길이 끊이지 않는 야마오 산세이의 서재. 책상 위에 있는 방명록에는
한국인의 글도 눈에 띄었다

서재 건너편에 있는 거실. 생전에 원고료 대신 받았다는 삼나무 테이블이 놓여 있다

흔적이 없어서인지 먼지 냄새가 코 끝으로 밀려 왔다.

야마오 산세이는 생전 '수석 수집'을 좋아했는데, 책상 위에 여러 가지 모양의 돌들이 가지런히 놓여 있었다. 첫째 부인과 장인 장모의 사진도 제자리에 놓여 있었다. 아키히코 씨는 야마오 산세이의 자녀에 대해 다음과 같이 말했다.

"첫째 부인과의 사이에 4명의 아이들이 있어요. 그리고 형님이 친구의 아이 두 명도 데려다 키웠죠. 하루미 씨와의 사이에 3명의 아이가 더 있죠. 모두 9명입니다." 아키히코 씨는 또 안타까운 이야기도 들려줬다. "외지에 나가 있는 막내 아들이 좀 아파요. 그래서 하루미 씨가 걱정이 많아요. 오늘도 아들 간호하러 간 것 같아요."

나는 그제서야 하루미 씨의 전화 목소리가 좋지 않았던 이유를 알게 됐다. 아키히코 씨는 서재에 이어 건너편에 있는 집 내부까지 잠시 보여 주었다. 낡은 살림살이 도구들이 주인을 기다리고 있는 듯했다. 야마오 산세이가 생전 글을 써주고 그 값으로 대신 받았다는 삼나무 테이블이 덩그러니 놓여 있었다. 아키히코 씨와 작별 인사를 하고 마을을 내려 오는데, 이름 모를 새소리가 귓전을 울렸다.

농부로 살다 간 야쿠시마의 구도자 야마오 산세이

야쿠시마에서 가장 큰 미야노우라 마을

# 야쿠시마를 지키는 모임

"야마오 산세이를 야쿠시마로 모셔온 사람이 바로 접니다. 그 분이 야쿠시마에 도착했을 때 직접 선착장으로 가서 맞이했죠."

노신사 시바 텟세이 씨(74)는 내게 이렇게 말했다. 나는 영화 〈시간의 숲〉 촬영과 관련해 야쿠시마 현지에서 이 분을 만났다. 지역의 회 의원을 지낸 시바 텟세이 씨는 야쿠시마의 산증인 중 한 분이다. 그는 '야쿠시마를 지키는 모임'이라는 단체를 만들어 고향의 삼림과 숲을 지켜냈다.

조몬스기가 발견되던 1966년 그는 도쿄의 한 대학에 다니고 있었다. 그로부터 27년 후인 1993년, 야쿠시마는 유네스코 세계자연유산으로 등재됐다. 일본 최초였다. 단순히 세월만 흘러 그런 성과가 나온 것은 절대 아니다. 그 과정에는 시바 텟세이 씨를 포함한 세 남자의 열정과 노력 그리고 땀이 숨어있다. 효도 마사하루(75), 나가이 사부로(68) 씨가 그들이다.

그들은 20대부터 원생림(原生林) 벌채 금지 운동에 뛰어들었다. 또 야쿠시마의 특이한 '수직분포' 생태계에도 주목했다. 설명을 좀 하자면, 수직분포는 오키나와의 아열대부터 홋카이도의 아한대까지의 생태계가 동시에 존재하는 것을 말한다. 야쿠시마가 그런 자연 환경을 갖고 있는데, 이는 전 세계에서도 찾아볼 수 없는 진귀한 풍경이다. 마사하루, 텟세이, 사부로는 이런 두 가지(원생림 벌채 금지와 수직분포)에 초점을 맞춰 지방의회를 움직이고 국회에 호소하고 정부에 목소리를 냈다. 나는 현지에서 세 사람에 대한 이야기를 들을 기회가 있었는데, 실로 고개가 숙여지지 않을 수 없었다. 나는 그들을 야쿠시마의 수호자들이라고 불러주고 싶다. 이 세 사람의 드라마틱한 이야기를 소개해 본다.

### 대학─직장을 그만두고 고향으로

1965년 어느 날, 도쿄의 공원인 신주쿠쿄엔(新宿御苑)에 야쿠시마 출신 젊은이 40여 명이 모여 들었다. 이들은 "수천 년을 살아온 야쿠스기를 간단히 베어 버려야만 하는가"라며 목소리를 높였고, 서명을 모아 임야청(한국의 산림청에 해당)에 진정을 제기했다. 이날 회합에는 도쿄의 기상청에서 근무하던 효도 마사하루와 그의 고교 후배로 메이지 대학에 다니던 시바 텟세이라는 젊은이도 있었다. 당시 두 사람은 섬에서 진행되던 대규모 국유림 벌채를 우려하고 있었고, 이 모임을 계기로 야쿠시마 지키기 운동에 투신하기로 결심했다.

1969년 여름, 효도 마사하루와 시바 텟세이는 야쿠시마 사람들의 의견을 듣기 위해 고향을 찾았다. 벌채에 반대하는 3천 장의 유인물을 들고 섬을 돌아다녔다. 하지만 고향 사람들의 반응은 싸늘

했다. 당시 야쿠시마는 일본의 고도성장을 밑받침하는 주된 목재 공급지였다. 임업 관계자들은 "이봐, 저기 산을 봐. 섬 주민들의 밥이 어디에서 나오는지"라며 혀를 챘다고 한다. 야쿠시마 숲에 있는 삼나무를 잘라 밥을 먹고 살던 시절이라 이런 반응이 나오는 것도 어쩌면 당연했다. 당시 섬 주민들 대부분은 임업과 관련된 일에 종사하고 있었다. 하지만 눈앞의 끼니만 생각하다가는 언젠가 야쿠시마의 숲과 삼나무들이 종적을 감출지 모르는 일이었다.

메이지대학 학생이던 시바 텟세이는 학업을 포기하기로 마음 먹는다. 도쿄로 올라간 다음 해인 1970년, 그는 학교를 중퇴하고 야쿠시마로 귀향했다. 1년 후에는 효도 마사하루까지 10년간 일했던 기상청 직장을 그만두고 귀향에 합류했다. 두 사람은 인생에서 가장 중요한 것을 포기하고 야쿠시마 숲 살리기에 의기투합했다.

하지만 주민들에 대한 호소만으로 부족하다는 걸 실감했다. 그래서 시바 텟세이는 지역 의회 선거에 출마하기로 결심했다. 28세 때였다. 당시 친척이 의회 의장을 맡고 있었는데, 시바 텟세이에게 "너한테 표를 주는 사람은 없을 것"이라고 말했다고 한다. 당시 선거는 혈연과 지연이 결정지었기 때문에 후보자들은 별도로 선거 운동을 할 필요가 없었다. 하지만 시바 텟세이는 마이크를 들고 직접 마을을 누비며 표를 달라고 외쳤다. 계란으로 바위치기 같았던 선거에서 시바 텟세이는 승리를 거두었다. 의원이 된 시바 텟세이는 의회를 통해 야쿠시마를 지키는데 한층 더 뛰었다.

## '야쿠시마를 지키는 모임' 결성

1972년 효도 마사하루와 시바 텟세이를 중심으로 5명의 멤버가 참여한 '야쿠시마를 지키는 모임'이 결성되었다. 대규모 벌채 중지를 본격적으로 호소하고 나선 건 그때부터였다. 분위기도 무르익었다. 1979년엔 과도한 벌채 때문에 산속의 토사가 흘러내리는 일이 자주 발생했다고 한다. 1980년에는 석유비축기지 건설 계획이 급부상하고 있었다. 그러자 난개발에 대한 주민들의 반발이 거세지기 시작했다. 그러면서 원생림이 남아있던 미야노우라다케(岳宮之浦岳 1936미터)와 나가타가와(永田川) 상류 등이 국가삼림생태계보호지역으로 지정됐다.

야쿠시마의 서부 협곡인 세기레카와(瀨切川) 지역에 대한 벌채 반대는 상경 투쟁으로 이어졌다. "조몬스기와 숲 중에서 어느 쪽을 지켜야 하느냐고 묻는다면, 당연히 숲을 지켜야 한다. 숲이 살아 남으면, 제2, 제3의 조몬스기가 살아갈 수 있다"고 호소했다. 결국 환경청장관과 농수상 등이 현지를 시찰하기에 이르렀다. 교토의 영장류연구소도 원생림을 지키는 청원에 나서면서 힘을 보탰다.

그런 움직임을 받아들여 정부는 세기레카와 지역의 벌채 계획을 중지시켰고, 1982년 그 지역은 국립공원에 편입되었다. 그로부터 11년 뒤 1993년, 야쿠시마는 세계자연유산에 등재됐다. 하지만 등록된 구역은 섬 전체의 20%인 1만747헥타르에 불과했다. 자연유산에 포함된 지역은 미야노우라다케 정상 부근과 세기레카와 지역 등으로 효도 마사하루와 시바 텟세이가 발로 뛰어다닌 지역이 많이 포함되었다.

나는 야쿠시마 현지에서 이틀 간격으로 시바 텟세이 씨와 효도 마사하루 씨를 만났었다. 시바 텟세이 씨는 당시 내게 인상적인 말을 해줬다. 그는 "야쿠시마의 본질은 자긍심"이라며 "야쿠시마에서 태어난 아이들이 자부심을 가지고 살게끔 하는 것이다. 야쿠시마가 지구의 순환, 공생을 대표하는 곳이기 때문"이라고 했다.

야쿠시마 관광협회 레스토랑에서는 효도 마사하루 씨와 마주 앉았는데, 그는 이렇게 말했다. "지금은 세계자연유산이라서 유명해졌지만 내가 살던 시절에는 도쿄에서 야쿠시마를 두고 '그게 어디 있는 섬이지'라며 말할 정도로 알려지지 않은 섬이었다. 그래서 야쿠시마 출신이라는 것을 창피해 하거나 말하지 않았다." 20대부터 야쿠시마 살리기 운동을 하던 두 분은 이제 70대 중반의 나이가 되었다.

## 영화 촬영에 도움 준 나가이 사부로 씨

영화 〈시간의 숲〉 촬영에 가장 많은 도움을 준 현지인이 있는데, 바로 나가이 사부로 씨다. 그 역시 '야쿠시마를 지키는 모임' 활동을 해왔다. 그는 일본의 명문대 와세다 대학을 나왔다. 그런 그가 졸업 후 택한 것은 번듯한 도쿄의 직장이 아닌 고향으로의 유턴이었다. 그리고 곧장 '야쿠시마를 지키는 모임'에 몸을 담았다. 민속자료관, 지역신문 등에서 일했던 그는 지금은 시인, 에세이이스트, 가수, 작사자로 활동하고 있다. 야쿠시마에서 가장 큰 마을인 미야노우라에서 '청경우독'(晴耕雨読)이라는 민박집도 운영하고 있다. 그 전에 야쿠시마에서 발간하는 계간지《생명의 섬》에서 편집을

맡기도 했다

'맑은 날에는 밭을 갈고, 비오는 날에는 책을 읽는다'라는 의미를 가진 민박집 이름이 내겐 참으로 정겹게 다가왔다. 자연을 거스르지 않고 순응하며 유유자적하게 살아가겠다는 주인장의 마음이 담겼다는 생각을 했다.

청경우독에서는 때때로 손님들과 지인들이 모이는 행사를 갖는데, 일본 전역에서 사람들이 찾아온다고 한다. 나가이 사부로 씨는 체험교실 활동에도 참가하고 있다. '야만각꼬우'(山人学校)가 그것이다. 그는 '야만각꼬우'에 대해 이렇게 말했다.

"야쿠시마에는 '야만각꼬우'라는 지역의 자연체험교실 같은 것이 있습니다. 1년에 6회, 산과 강에서 놀이를 하는 야외활동이죠. 참가대상은 섬에 살고 있는 초등학교 5학년부터 중학교 3학년까지 남녀 20명 정도입니다. 5월초에 선착순으로 모집을 하구요. 기본적으로 야쿠시마를 이해하기 위해서는 물이나 강의 순환이 가장 중요하다고 저는 생각을 합니다. 그래서 '야만각꼬우'의 개교식을 미야노우라 다리 위에서 할 때도 있습니다. '봐라, 너희 발밑에 흐르는 물이 바다로 가고, 비가 되어 다시 산으로 간다'고 이야기하면서 물의 순환을 교육시킵니다. 또 겨울이 되면 눈이 쌓인 산으로 데려갑니다. 해발 5백 미터 이상의 산간지역에만 눈이 쌓이기 때문에 해변마을에 사는 아이들은 눈을 보지 못합니다. 일부러 눈을 체험하게 해주기 위해서 설산으로 데리고 가죠."

나가이 사부로 씨의 이야기를 듣고 있으니, 야쿠시마의 아이들은 도시 아이들보다 오히려 더 행복할 것 같다는 생각이 들었다. 편리함이 곧 행복을 의미하는 것은 아니기 때문이다.

영화 〈시간의 숲〉에는 야쿠시마의 포크송 밴드가 출연했다. 나가이 사부로 씨가 이끄는 4인조 '빅스톤'이다. 직접 가사를 쓰고 노래를 부르는 나가이 사부로 씨는 '365일 섬 노래를 부르고 싶다'며 지인들과 밴드를 결성했다. 앨범도 2장 발표하는 등 '빅스톤'은 섬 내에서 인기를 끌고 있다. 그 중 첫번째 앨범 〈청경우독〉에 실린 '20세기를 산 사람들'이라는 노래의 가사를 보면 '공생과 순환'을 원칙으로 실천하는 야쿠시마 사람들의 생태의식을 느낄 수 있는 내용이다.

지금 우리들이 살고 있는 이 시대가
마침내 과거라고 불릴 때
우리는 미래의 후손들한테
어떤 평가를 받을까?

지구를 이렇게 엉망으로 만든 것은
20세기를 살았던 저 사람들이다

산을 까부수고 강을 더럽히고
바다를 망치고 공기를 오염시켜
우리들에게 커다란 짐을 지운
20세기를 살았던 사람들
(이하 생략)

# 목 꺾은 고등어회 먹어 봤어?

**야쿠사바를 아시나요?**

"야쿠시마에 가서 꼭 먹어봐야 할 게 뭐가 있을까요?"

야쿠시마 여행을 문의하는 고객 중에 이렇게 물어보는 사람들이 제법 있다. 그러면 나는 조금도 망설이지 않고 대답한다.

"고등어회가 별미죠."

"고등어회요?. 그거 엄청 비리지 않나요?"

"야쿠시마의 고등어회는 비린내가 나지 않습니다. 현지에 가서 한번 맛 보셔도 좋을 것 같습니다."

고등어회의 관건은 얼마나 비린내를 잡느냐 하는데 있다. 비린 내를 없애는 방법도 중요하지만 무엇보다 고기 자체가 신선해야 한다. 그러니 고등어는 회로 먹기가 쉽지 않다. 성질 급하기로 꼽자 면 고등어도 빠지지 않는데, 잡자마자 곧바로 죽어 버린다. 그래서 신선하지 않은 고등어는 회로 맛볼 수 없다. 정약전이 쓴 『자산어 보』에는 고등어를 '벽문어(碧紋魚)'라고 소개하고 있다. 푸른 무늬 가 있는 생선이라는 것이다. 껍질이 있는 부분과 그렇지 않은 부분

야쿠시마 쿠비오레사바 회요리

의 식감이 다른 것도 고등어회만의 특징이다.

고등어회를 먹어본 사람은 알겠지만, 초장보다는 식초를 약간 넣은 간장에 찍어 먹는 편이 고소함을 더 느낄 수 있다. 지역 음식엔 지역 술로 밸런스를 맞추는게 좋다. 야쿠시마를 대표하는 고구마소주 미다케가 고등어회와 궁합이 잘 맞는다. 약간 기름지게 느껴지는 고등어회의 맛을 미다케가 잘 잡아준다. 고등어회 한 점과 미다케 한 모금이 혀 위에서 '밀당'을 하는 그런 기분마저 든다.

나도 야쿠시마에서 여러 차례 고등어회를 먹어봤지만, 맛에 실패한 적은 없다. 아쉽다면 식당과 숙박업소에서 내놓는 고등어회의 양이 그다지 많지 않다는 것이다. 대개 일본에서 고등어회라고 하면 '시메사바'를 말한다. 일본어로 고등어를 사바(サバ)라고 하는

데, 식초에 절여 비린내를 없앤 것이 시메사바다. 그런데 야쿠시마
에서는 시메사바보다 갓 잡은 고등어회를 더 즐긴다.

야쿠시마는 일본에서도 이름난 고등어 어업의 산지다. 야쿠시마
앞바다는 쿠로시오 난류와 쓰시마 난류가 갈라지는 지점이기 때문
에 다양한 어종이 서식하는 곳으로 알려져 있다. 특히 야쿠시마의
주요 항구인 잇소(一湊)만은 쓰시마 난류가 시작되는 곳으로 고등
어와 날치가 잘 잡힌다. 잇소항은 여객선과 훼리가 운항하는 미야
노우라항이나 안보항에 비해 규모는 작지만 고등어잡이를 하는 어
선들이 이용하는 항구다.

야쿠시마에서 잡히는 고등어 즉, '야쿠사바'(屋久サバ)라는 별칭
이 붙어있다. 목을 꺾은 고등어라는 의미의 '쿠비오레사바'(首折れ
鯖)다. 고등어의 목을 꺾다니 이건 무슨 말일까. 야쿠시마에서는 고
등어를 잡자마자 목을 꺾어 피를 뺀다. 신선도를 유지하고 냄새를
없애기 위해서다. 야쿠사바는 다른 지역에서 잡히는 고등어보다 지
방이 적어서 회로 먹게 되면 육질이 쫀득쫀득해 씹는 맛이 좋다. 야
쿠시마의 자연시인 야마오 산세이는 야쿠사바를 이렇게 소개하고
있다.

이 지역의 고등어는 야쿠 고등어 혹은 참깨 고등어라고 하여, 혼
슈의 고등어와 비교하여 모양이 둥글며 두툼하고 피부에 둥근 반
점이 많다. 우리들이 사는 잇소는 야쿠고등어 어업의 본고장(…)
이다. 우리 시라코 산마을에는 두 사람이 고기잡이를 다니고 있
다. 그 중에 한 사람이 '목 꺾은 고등어'를 두 마리나 보내줬다.

목 꺾은 고등어란 그물에서 막 건져 올린 살아있는 고등어의 목
을 그 자리에서 꺾어 피를 뽑은 고등어를 말하는데, 신선도가 유
지돼 있고, 또 피를 뺐다는 점에서 이 지역에서는 최고의 횟감으
로 사랑받고 있다(『여기에 사는 즐거움』 이반 옮김 도솔 149쪽).

 잇소의 어부들은 옛날부터 '목 꺾은 고등어' 노래를 즐겨 불렀다
고 한다.

 "잇소는 좋은 곳 또 나왔네.
 의형제를 맺으면
 그 의리는 영원히 끊어지지 않네.
 오늘 아침도 풍어다 이웃집이라면
 드릴게요.
 이 싱싱한 고등어를"

 잇소항에서는 매년 1월 2일, 어부들이 다 같이 모여서 식사를 하
는 풍습이 있다고 한다. 나는 그 모습을 구경한 적이 있는데, 잇소
마을의 어부들과 가족들이 큰 방을 가득 메우고 있었다.
 상차림을 보니 산해진미라는 말이 꼭 어울릴 만큼 온갖 음식들
로 가득했다. 그렇게 새해에 모여서 같이 식사를 하면서 한 해의 고
등어 풍어를 기원한다고 한다.
 야쿠시마 관광협회 홈페이지를 검색하면 '쿠비오레사바' 요리를
맛볼 수 있는 식당 16군데가 올라와 있다.

잇소항의 고기잡이배

날치를 통채로 튀긴 요리

    야쿠시마에서는 고등어를 회 이외에 자반 고등어구이, 무절임, 샤브샤브와 스키야키로 먹기도 한다. 또 예로부터 고등어를 이용하여 '사바부시'(さば節)를 가공하여 왔다. '사바부시'는 주로 소바 등의 국물용으로 사용된다.

    야쿠시마의 별미로 고등어회만 있는 게 아니다. 많이 잡히는 또 다른 생선은 날치다. 날치는 일본어로 토비우오(トビウオ)라고 한다, 한자로는 비어(飛魚)다. 날치의 생김새를 보면 등에 날카로운 날개를 갖고 있는데, 바다 위를 낮게 날아 다닌다. 가고시마에서 야쿠시마로 들어가는 쾌속선의 이름 '토피'는 토비우오에서 따왔다. 토피는 야쿠시마 사투리로 날치라는 뜻이다.

    날치는 주로 안보항 근해에서 많이 잡히는데, 과거에 비해 어획

원령공주의 섬 야쿠시마

량이 많이 줄었지만 아직도 일본에서 제일 많은 어획량을 자랑한
다. 안보강의 상류는 야쿠시마의 최고봉인 미야노우라다케다. 그
강의 끝에 안보 항구가 형성되어 있다. 안보항에서 바다로 나간 날
치잡이 배들은 섬을 바라보며 날치를 잡는다. 산봉우리에서부터 흘
러 내린 강물은 안보항 앞바다에 흘러 들어가 물고기가 서식하기에
좋은 환경을 만들어 준다고 한다.

안보항 주변에는 해초가 많아서 5월~7월 사이에 날치가 알을
낳으러 찾아온다. 하룻밤에 1만 마리를 잡았던 시절도 있었다고 한
다. 이곳 주민은 "그 두 달간은 아이들도 부모를 따라 날치를 잡으
러 가서 밤을 새우곤 했다"고 말했다. 그래서 학교도 특별히 오후
반으로 운영되고 있다고 한다.

날치를 이용한 요리 중에서 가장 일반적인 것은 날치회다. 그 외
에 날치 한 마리를 통째로 튀겨서 날개까지 씹어 먹기도 한다. 날치
살을 으깨어 튀긴 '날치츠키아게'(날치 어묵)도 특별하다. 최근에는
날치 봉초밥도 나오고 있다. 당초 한 가게에서 고안했는데, 입소문
이 나면서 반응이 좋다고 한다. 그런데 야쿠시마 주민들이 마냥 날
치를 즐길지는 알 수 없다. 요즘에는 날치가 야쿠시마에 머물지 않
고 지나가 버린다고 한다. 항구 근처에 사는 한 주민은 내게 이런
말을 했던 것 같다.

"강을 소중히 하지 않으면 바다도 살지 못합니다. 강이 깨끗해야
날치도 많이 잡을 수 있죠. 앞으로 숲과 강을 잘 보호해 나가면 다
시 날치가 안보항에 오래 머물지 않을까요."

반얀트리거목 – 야쿠시마는 반얀트리(가쥬마루나무) 자생지의 북방한계선이다

당시 야쿠시마 사람들은 삼나무를
'신의 나무'로 여겼다. 가까이 가기
는커녕 두려워 감히 자를 수 없는
숭배의 대상이었다. 하지만 고승은
"신에게 승낙을 얻었다"며 백성들을
설득했다. 곧바로 벌채가 이뤄졌다.

역사 속 야쿠시마

# 야쿠 성인 토마리 죠치쿠와
# 다네가시마의 조총


　야쿠시마의 역사에서 빼놓을 수 없는 인물이 있다. 토마리 죠치쿠(泊如竹)라는 법화종의 고승이다. 에도시대에 야쿠시마 사람들의 생활은 궁핍하기 짝이 없었다. 이런 곤궁을 벗어나게 해준 것이 죠치쿠다. 그는 섬 사람들의 생계를 위해 삼나무 벌채를 당국인 사츠마번(지금의 가고시마현)에 요청했다. 어쩔 수 없는 노릇이었다. 당시 야쿠시마 사람들은 삼나무를 '신의 나무'로 여겼다. 벌채는 커녕 감히 가까이 다가가지도 못하는 숭배의 대상이었다. 하지만 고승은 "신에게 승낙을 얻었다"며 백성들을 설득했다. 곧바로 벌채가 이뤄졌다. 살림살이는 나아졌고 섬의 경제는 부흥했다. 그를 '야쿠 성인'이라고 부르게 된 이유다.

　삼나무 벌채의 역사를 생생하게 볼 수 있는 곳이 야쿠스기자연관(屋久杉自然館)이다. 과거 벌채에 사용됐던 다양한 톱들이 전시돼 있다. 이후 도입된 전기톱도 눈길을 끈다. 자연관에 들어서면 거대한 고목 몸통 하나가 누워 있는데, 그 크기에 압도된다. 지난 2005년 내린 폭설에 조몬스기의 가지 하나가 부러졌다. 그걸 가져와 전

시해 놓았는데, 길이가 5미터, 무게가 1.2톤에 달한다.

　에도시대에는 세금을 삼나무로 바쳤다고 한다. 자연관에는 가로 50센티미터, 세로 10센티미터 크기의 얇은 삼나무 꾸러미들도 전시돼 있는데, 이를 '히라기'(平木)라고 부른다. 히라기 앞에는 쌀 한 꾸러미도 놓여 있다. 당시에는 히라기 2,310장이 쌀 한 꾸러미의 가치가 있었다고 한다. 그만큼 쌀이 귀하고 삼나무는 흔했다. 삼나무는 그렇게 한때 귀한 대접을 받지 못했던 것이다. 야쿠시마 사람들 중엔 "죠치쿠 때문에 삼림 벌채 속도가 빨라진 것은 아쉬움으로 남는다"고 말하는 이들도 있다. 이후 1803년 삼나무 벌채 제한령이 내려지고 삼림이 국유화 되면서 숲은 어느 정도 살아남았다. 하지만 근대화 과정에서 숲은 다시 베어져 나갔다. 그러다 '야쿠시마를

야쿠 성인 토마리 죠치쿠와 다네가시마의 조총

지키는 모임'이라는 조직이 자발적으로 만들어지면서 오늘날의 모습을 유지하게 되었다.

승려 죠치쿠의 고향은 야쿠시마에서 두 번 째로 큰 안보 마을이다. 안보강 주위에 승려 쵸치쿠의 이름을 딴 '토마리 죠치쿠 거리'가 있다. 강을 끼고 이 거리를 조금 내려가면 쵸치쿠를 기념하는 작은 사당과 기념비를 만나게 된다. 비오는 어느 날, 우산을 쓴 한 남자가 기념비의 글을 읽고 있는 것이 멀리서 보였다.

### 인근 섬 다네가시마와 권력 싸움

야쿠시마의 역사는 본토인 가고시마, 형제 섬인 다네가시마(種子島)의 역사와 궤를 같이 한다. 다네가시마는 일본의 우주 발사기지가 있는 곳으로, 서구로부터 조총을 가장 먼저 받아들인 곳이다. 다네가시마에서 야쿠시마까지는 뱃길로 50분 걸린다. 거리가 가까운만큼 과거 막부 시절, 전쟁은 피할 수 없는 숙명이었다.

때는 1408년.

당시 다네가시마의 도주는 다네가시마 기요도키(種子島清時)라는 인물이었다. 그는 오오스미 지방(현재의 가고시마현 오오스미 반도 부근)을 다스리던 가고시마의 시마즈가(家)로부터 야쿠시마를 영지로 받았다. 야쿠시마에 대한 다네가시마 지배의 시작이었다. 그 후 전국시대에는 야쿠시마의 지배를 둘러싸고 다네가시마와 오오스미 반도의 유력자 네지메씨(禰寝氏)와의 사이에 전쟁이 계속되었다. 그러다 1543년, 네지메씨가 다네가시마를 침공하게 되는데, 싸움에 진 다네가시마는 야쿠시마를 넘겨주게 된다. 이 해는 일본 역사에

원령공주의 섬 야쿠시마

서 아주 중요한 해로 평가받고 있다. 중국으로 향하던 포르투갈 배가 다네가시마의 카도쿠라미사키(門倉岬)에 표류하게 되는데, 이때 다네가시마에 조총이 전해졌기 때문이다.

다네가시마 도주는 2자루의 조총을 현재 시세로 약 10억 원에 사들였다. 구입에 그치지 않았다. 조총을 분해하여 구조를 분석한 후 조총 제작에 성공하게 된 것이다. 당시 다네가시마의 토양은 사철(砂鐵)이 많이 나오는 지질이라서 쇠를 다루는 대장장이와 대장간이 많았다고 한다. 조총을 만들 수 있는 여건이 갖추어져 있었던 셈이다. 여러 번의 시행착오를 거쳐 마침내 다네가시마는 조총 복제에 성공했다. 이는 일본 열도의 전쟁 판도를 바꾸는 대사건이었다. 이 과정에서 조총 제작과 관련한 슬픈 전설이 전해진다. 야이타 킨베에라는 대장장이와 그의 딸 와카사 이야기다.

### 대장장이와 그의 딸 와카사

대장장이 우두머리인 야이타킨베에에게 다네가시마 도주로부터 명령이 떨어졌다. 서둘러 조총을 국산화하라는 것이었다. 야이타킨베에는 낯선 조총을 밤낮 들여다보며 제작에 몰두했다. 하지만 총신 안쪽 나사부분 구조는 도무지 알 수가 없었다. 당시 일본에 나사라는 물건은 없었다. 재미있는 사실 한 가지. 가고시마현의 홍보 자료와 일본 역사연구가 이자와 모토히코(井沢元彦)가 쓴 『역설의 일본사』에 따르면, 대장장이가 나사 기술을 습득하는 과정에서 일본 단어 하나가 탄생했다고 한다. 나사를 일본어로는 네지(ネジ)라고 한다. 이 네지라는 단어가 '머리를 비틀다, 쥐어짜다'라는 네지

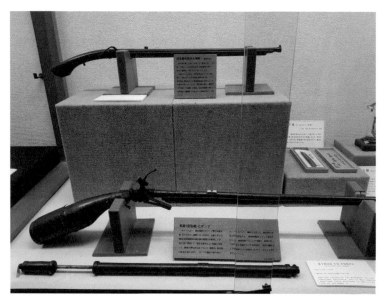
다네가시마 조총박물관에는 각종 조총들이 전시되어 있다

리(捻り)에서 나왔다는 것이다. 대장장이가 나사(네지)를 제작하느라 애를 먹었고, 머리를 쥐어짤 정도(네지루)로 고생을 했다는 얘기다. 하지만 대장장이는 혼자서 나사 제작의 비밀을 풀 수 없었다. 결국 그는 포르투갈인에게 물어 볼 수밖에 없었다.

"당신의 딸을 나에게 시집보내면 조총 제작 방법을 가르쳐 주겠소."

아니 이게 왠 청천벽력 같은 소리인가. 포르투갈인은 와카사를 아내로 맞고 싶다는 조건을 내걸었다. 조총 완성이 도주의 명령이자 대장장이 자신의 소원이긴 했지만, 서양인에게 딸을 준다는 건 있을 수 없는 일이었다. 대장장이의 심정은 괴롭고, 또 괴로웠다.

이를 옆에서 지켜보는 딸 와카사의 심정 또한 괴롭기는 마찬가지였다. 하지만 딸은 아비를 위해 기꺼이 자신을 던졌다. 포르투갈인의 아내가 된 것이다. 이런 후에야 야이타킨베에는 나사부분의 비법을 전수받을 수 있었다. 딸과 바꾼 조총은 그렇게 국산화가 됐다. 이런 연유로 인해 일본에서는 조총을 '다네가시마'라고 부르는 속어가 생겨났다고 한다.

## 조총의 등장으로 전쟁 판도 바뀌어

이듬 해인 1544년, 조총을 국산화한 다네가시마는 일본 역사상 처음으로 전쟁에 조총을 투입했다. 조총으로 무장한 다네가시마가 네지메씨에게 대항한 것이다. 야쿠시마의 관문인 미야노우라항 근처에서 공방전이 벌어지는데, 이번에는 다네가시마가 네지메씨를 물리쳤다. 승리한 다네가시마는 다시금 야쿠시마를 되찾을 수 있었다. 당시 조총은 철포(鉄砲)라고 불렸다. 총도 없이 싸움에 뛰어드는 것처럼 무모한 사람을 일컬어 무대포(無鉄砲 :총이 없는 사람)라는 말이 이때 생겨났다고 한다. 조총이 전해지면서 일본 열도뿐만 아니라 조선도 그 영향을 받지 않을 수 없었다. 임진왜란이다. 조총으로 무장한 총포 부대에 조선군은 속수무책으로 당하고 말았다. 몇 년 후인 1595년, 야쿠시마는 가고시마 지방을 통치하던 시마즈가의 직할지가 되었다.

# 석학 아라이 하쿠세키와
# 비운의 선교사 시도치 신부

야쿠시마에는 마돈나라는 이름의 조그만 성당이 있다. 동네의 흔한 종교시설처럼 들릴지 모르겠지만 그렇지가 않다. 야쿠시마 역사, 아니 일본 개국사(開國史)에 중요한 의미를 갖는 성당이다. 내가 처음 이곳을 방문한 건 2017년 12월이나. 한 대학의 평생교육원 인문학 산책 투어를 안내했는데, 마돈나 성당이 일정에 포함돼 있었다. 결론부터 말하면, 이 성당은 이탈리아 출신의 지오반니 바티스타 시도치(Giovanni Battista Sidotti 1668~1714)라는 선교사이자 신부를 기리기 위해 세워졌다. 시도치 신부는 도대체 어떤 사람이고, 그는 또 일본에 어떤 영향을 끼쳤을까.

1708년 8월 29일, 외국 선박 한 척이 야쿠시마 남쪽 해안 유도마리 앞바다에 정박했다. 이 배에는 의문의 한 남자가 타고 있었다. 일본식 상투를 틀고 검을 찬 사무라이 모습이었다. 하지만 얼굴은 일본인이 아니었다. 신분을 숨기기 위해 변장을 한 것이다. 현재의 코시마 부락 토우노우라 포구 부근의 해안에 첫 발을 내디뎠던 그 남자의 이름은 지오반니 바티스타 시도치였다. 그는 일본 포교를 목적으로 몰래 숨어든 가톨릭 신부였다.

가고시마현 《가톨릭교구보》 2008년 4월호는 시도치 신부가 일본인으로 변장까지 할 수 있었던 이유 등에 대해 자세하게 소개하고 있다. 교구보에 따르면, 시도치 신부는 이탈리아 남부 시칠리아섬의 팔레르모 시에서 태어났다. 신앙심 두터운 가정에서 자랐고, 청년기에 예수회에 들어갔다.

사제가 되면서 교황 클레멘스 11세로부터 일본 선교의 명을 받았다다. 당시 일본은 그리스도교 박해가 극심하던 시절이었다. 시도치 신부는 그런 일본으로 곧장 가지 않고 필리핀 마닐라에 도착했다. 이유가 있었다. 거기에는 3천 명 정도의 일본인들이 모여서 사는 마을이 있었다고 한다. 시도치 신부는 이곳에서 일본어와 일본 생활 습관을 익히고 일본 돈을 조달하는 등 만전의 준비를 하고 일본으로 떠났다.

도중에 폭풍을 만나 배가 침몰할 뻔하기도 했다. 그렇게 도착한 곳이 야쿠시마의 어느 포구였다. 어색한 일본인 행색과 큰 키 탓에 그는 금방 들키고 말았다. 당시로서는 밀입국였던 셈이다. 그가 체포당하는 건 시간 문제였다. 사쓰마의 영주 시마즈는 시도치의 신병을 나가사키 봉행소에 인도했다. 이때부터 시도치 신부의 삶은 고난이었다. 작은 수레에 실려 400리 길을 거쳐 지금의 도쿄인 에도로 압송됐다. 그리스도교 저택에 유폐된 그는 밀입국 경위를 추궁받는 신세가 됐다.

시도치 신부 상륙기념비

### 당대 석학과의 얄궂은 만남

조사 담당관은 일본 막부의 최고 유학자이자 실세였던 아라이 하쿠세키(新井白石 1657~1725)였다. 그런데 이 두 사람의 만남이 일본의 역사를 바꾸는데 엄청난 기여를 할 줄은 당시엔 아무도 몰랐다. 시도치 신부로서는 자신의 조사관으로 '시대에 깨어있던' 아라이라는 대학자를 만난 것이 불행 중 다행이었다. 아라이 하쿠세키역시 그에게 '더 큰 세상을 알려준' 시도치 신부가 더없이 고마운 존재였을 것이다.

당시 일본은 그리스도교 포교가 금지되었다. 외국 선교사와 신

도가 잡히면 그리스도교 절대자의 얼굴이 그려진 그림을 밟고 지나가도록 했다. 일종의 '배교시험'이었던 것이다. 그렇게 하지 않는 자는 죽임을 당했다. 그렇게 종교에 대한 편견과 박해가 심한 상황에서도 아라이 하쿠세키는 시도치 신부의 지식과 인품에 매료되었다. 신문은 4회에 걸쳐 이뤄졌다고 한다. 아라이 하쿠세키는 신부의 처분과 관련해 '본국으로 송환한다(상책), 그리스도교 가옥에 유폐시킨다(중책), 사형에 처한다(하책)'는 세 가지 방책을 막부에 건의했다. 막부는 이 중에서 중책을 선택하여 신부를 유폐했다. 그런데 시도치 신부는 자신을 돌봐주던 한 부부에게 세례를 주다 적발

시도치 신부를 기념하여 세워진 야쿠시마 마돈나 성당

됐다. 그를 기다리는 건 지하 감옥이었다. 신부는 거기서 47세의 나이로 슬픈 최후를 맞았다. 그리스도교 박해에도 불구하고 기독교의 양식에 따라서 매장됐다. 이는 아라이 하쿠세키의 영향을 받은 막부가 시도치 신부에 대해 예우를 한 것으로 보인다.

반면, 시도치 신부의 신문을 통해 아라이 하쿠세키는 세계 정세를 접하는 기회를 갖게 되었다. 아라이 하쿠세키는 이를 토대로 3권으로 구성된 『서양 기문』(西洋紀聞)을 썼다. 이 책은 유럽과 일본 교류사에 큰 획을 긋는 저작으로 평가받고 있다.

나는 시도치 신부의 행적을 알고 나서 소설가 엔도 슈사쿠(遠藤

마돈나 성당앞의 시도치 신부 추모비

周作 1923~1996)의 소설 『침묵』을 떠올렸다. 이 소설은 막부시대 일본의 가톨릭교도 탄압을 다루고 있다. 책의 모델은 시도치 신부의 고향 선배인 쥬세페 키아라(Giussepe Chiara) 신부다. 시도치 신부가 기독교 방식으로 매장된 것과는 달리 키아라 신부는 책에서 배교하여 화장이 된 것으로 묘사된다.

당시 시간차를 두고 키아라 신부와 시도치 신부는 그리스도교 거주지에 유폐된다. 키아라 신부의 일상을 도와주던 일본인 부부는 키아라 신부가 죽은 뒤에는 시도치 신부의 시중을 들었다. 일본인 부부를 통해서 『침묵』의 주인공인 키아라 신부와 내가 알고 있

석학 아라이 하쿠세키와 비운의 선교사 시도치 신부

는 시도치 신부가 서로 묘하게 연결된다는 점에서 나는 적잖이 놀랐다. 놀라움은 여기서 그치지 않았다. 키아라 신부 이야기는 영화로도 만들어졌다. 『침묵』을 원작으로 한 마틴 스콜세지 감독의 영화 〈사일런스〉(2016년)다.

### 300년 만에 부활한 시도치 신부

시도치 신부 사망 300년 후인 2014년 4월, 도쿄의 분쿄쿠 그리스도교 주택터에서 시도치 신부의 흔적이 발견되었다. 아파트 건설을 위한 지반 작업을 하던 중 유해 3구가 발견되었는데 2년간의 조사끝에 그 중 하나가 시도치 신부로 밝혀진 것이다. 다음은 당시 마이니치신문(2016년 4월 5일자)이 보도한 내용의 일부다.

"17세기 말~18세기 초의 것으로 보이는 3구의 인골이 나란히 발견되었다. 그 중 1구는 매장의 자세나 관을 사용하는 것 등 거의 기독교양식의 형태대로 묻혀 있었다. 또 국립과학박물관이 이에서 DNA을 채취, 감정하여 현재의 이탈리아인 그룹에 속하는 남성으로 밝혀졌다. 뼈의 형상 분석에 의해 40~60세, 키 170센티로 추정되어 사료와 모순되지 않고, 발견된 장소도 에도시대 후기 자료의 기록과 일치했다. 나머지 2구는 뒷바라지 역할을 한 일본인 부부일 가능성이 있다고 한다."

그로부터 7개월 뒤 2016년 11월, 국립과학박물관은 시도치 신부의 유골을 토대로 얼굴을 복원했다고 발표했다. 시도치 신부의 유물 중에 '엄지의 마리아'라는 그림은 도쿄국립박물관에 보관되어 있는데, 일 년 중 며칠만 공개한다고 한다.

복원된 시도치 신부의 얼굴

    마돈나 성당 안에는 '엄지의 마리아'를 묘사한 스테인드글라스가 있다. 성당에서 도치오 신부님을 만난 것도 행운이었다. 평소에는 이웃 섬인 다네가시마의 성당에 계시는데 그날은 우리 일행을 위해 일부러 야쿠시마 성당에 와서 기다리고 계셨다고 한다. 시도치 신부의 상륙지, 기념비, 그리고 성당 내부를 친절하게 안내해 주셨다. 신부님은 그때 이런 말씀을 해주셨다.

    "시도치 신부님은 당시 선교를 위해 야쿠시마에 상륙했지만 단한 명의 신도도 선교하지 못하고 돌아가셨습니다. 하지만 그 분의 말씀은 당대의 석학인 아라이 하쿠세키의 저서 『서양기문』을 통해 오늘날까지 전해지고 있습니다. 시도치 신부님에 의해 서양학문이 처음으로 소개되고 일본은 서양학문의 영향을 받았습니다. 160년 전 미국에 의해 일본이 강제로 개국을 강요받았을 때 『서양기문』의 자료가 중요하게 사용되었다고 합니다. 야쿠시마에서는 매년 11월 말에 시도치 신부님을 기리는 시도치 기념제를 개최하고 있습니다. 그런데 시도치 신부님이 1714년에 돌아가시고 난 후 근 3백 년 만에 유골이 발견되었습니다. 유골 발견이 더 늦어졌으면 DNA가 망가졌을 수도 있고, 더 일찍 발견되었다면 기술이 못 따라가서 분석이 불가능했을 수도 있습니다. 감히 3백 년 만의 기적이라고 말씀드리지 않을 수 없군요. 과연 시도치 신부님은 오늘날의 우리들에게 무슨 말씀을 하고 싶어서 3백 년 만에 다시 모습을 드러내신 걸까요."

나는 최근에 다시 한 번 이 성당을 찾았다. 시도치 신부의 상륙지 일대를 찬찬히 둘러보기 위해서였다. 성당에서 바다 쪽으로 좀 내려가 봤더니 암초투성이였다. 시도치 신부가 왜 이곳을 상륙지로 택했는지를 알 것 같았다. 나는 시도치 신부 기념비도 좀 더 꼼꼼히 읽어 보았다. 그러다 한 대목에 시선이 꽂혔다. '막부의 쇼군이 『서양기문』을 읽고 감동을 받아 그때부터 서양의 금서들을 본격적으로 해금하게 됐다'는 것이다. 이는 시도치 신부가 일본의 개국에 실제로 엄청난 영향을 끼쳤다는 것을 증명한다. 다시 말하면, 일본 근대화의 출발지가 야쿠시마였던 것이다.

# 일본에 한국산이 있다고?
## 가락국과 가라쿠니다케, 그리고 이종기 선생 이야기

### 기리시마 시장과 고양 시장의 만남

개인적으로 일본 지방자치단체의 감투를 하나 쓰고 있다. 가고시마현에 있는 기리시마(霧島)시의 국제교류대사다. 2015년 8월 임명됐는데, 당시 기리시마 시장이 직접 한국을 방문해 명패와 명함을 전해줬다.

내가 이런 직책을 맡게 된 이유는 기리시마시에 있는 가라쿠니다케(韓国岳 1,700미터))라는 산을 꾸준하게 한국에 소개해왔기 때문인 것으로 생각된다. 지금은 임기 연장으로 한 차례 더 맡고 있다. 국제교류대사를 맡고 나서 가장 먼저 한 일은 기리시마시와 경기도 고양시의 산악 교류였다. 기리시마에는 가락국(가야)의 전설이 깃든 가라쿠니다케가 있고, 고양시는 서울의 대표적 명산인 북한산을 품고 있다. 일본에는 북한산을 소개하고, 한국에는 가라쿠니다케의 존재를 알리자는 것이 교류의 취지였다.

그런 나의 노력은 마에다 슈지(前田終止) 당시 기리시마 시장의 고양시 방문을 이끌어 냈다. 2015년 8월 5일 마에다 시장은 시청

간부들과 함께 고양시를 찾았다. 대동한 간부만 8명, 흔치 않은 일이다. 마에다 시장은 2005년부터 기리시마시를 이끌어 왔는데, 최근에는 시장직 도전에는 실패했다. 당시 최성 고양 시장과의 만남에서 분위기는 좋았다. 두 시장은 서로 방문을 통해 산악 교류를 해나가기로 의기투합했다. 하지만 실무 차원에서 세부적인 방문 일정을 잡는 게 쉽지 않았던 것 같다. 결국 교류의 첫 발은 뗐지만 실제 방문으로는 이어지지 못했다. 지금 생각해도 아쉬운 일이다. 그래도 내게 가라쿠니다케의 존재와 의미가 퇴색한 것은 아니다. 나는 가라쿠니다케를 수십여 차례 올랐다. 그러면서 이 산에 얽힌 흥미로운 스토리를 한국 사람들에게 알려주고 싶은 마음이 간절했다. 야쿠시마를 주제로 한 이 책에 가라쿠니다케에 대한 글을 굳이 넣은 것도 이런 이유에서다.

가라쿠니다케는 한자로 韓国岳(한국악)이라고 쓴다. 원래 일본어로 한국(韓国)은 캉코쿠라고 읽는데, '한국악'에서 한국은 '가라쿠니'라고 발음한다. 지리적으로 가라쿠니다케는 기리시마 국립공원에 있는 산이다. 이 국립공원에는 해발 1,500미터 전후의 23개 산들이 꼬리에 꼬리를 물고 있는데, 이를 기리시마 연산(霧島連山)이라고 부른다. 일본의 천손강림(天孫降臨) 건국 신화와 관련이 있다는 다카치호(高千穂·해발 1,574미터) 봉우리와 가라쿠니다케가 기리시마 연산의 대표적인 산이다. 그런데 신기한 것은 가라쿠니다케(해발 1,700미터)가 일본 건국신화가 깃든 봉우리보다 더 높은 곳에 있다는 사실이다.

일본 최초의 국립공원 최고봉에 한국산을 뜻하는 한국악(韓国岳)

가라쿠니다케 정상 표지판

이라는 이름이 붙은 건 왜일까. 의문은 일본 역사서 『고사기』(古事記)에서 출발한다. 『고사기』엔 "이곳은 한국을 향(向)하고 있고, 아침 해가 비치는 나라. 저녁 해가 비치는 나라. 그러므로 여기는 좋은 나라"라는 대목이 나온다. 여기서 등장하는 한국은 도대체 어디를 말하는 것일까.

『나의 문화 유산 답사기』 시리즈로 유명한 유홍준 교수는 같은 책 '규슈편'에서 "신화에서 주목되는 것은 한국을 향하고 있다는 대목"이라고 했다. 그는 "한국과 연관이 있음이 천손강림은 단군신화와 비슷하고 또 가야 김수로왕의 7왕자 이야기와도 비슷하여 신화의 뿌리가 여기에 있다고 생각되기도 한다"고 썼다. 지금까지 알려진 이야기로는 『고사기』에 등장하는 한국은 가락국과 연관이 깊다고 한다. 그 한국을 가라쿠니라고 읽는데, 여기서 '가라'는 한반도의 남쪽 지방 김해를 중심으로 번성했던 가락국의 '가락'을 음차한 말이라는 것이다.

한국 사람들에게 "일본에 한국 이름이 붙은 산이 있다"고 말하면 다들 놀라워한다. 나 역시 2005년 가라쿠니다케에 처음 올랐을 때 적잖이 놀랐다. 해발 1,700미터 정상에 꽂혀있는 나무 푯말에 분명히 한자로 韓国岳이라고 적혀 있었다. 흰 페인트 글씨의 색이 바래기는 했지만 내 눈으로 직접 보고도 믿기지가 않았다. 더군다나 가고시마현은 한 세기 전 '조선을 정벌하자'는 정한론(征韓論)의 발상지가 아니었던가.

그런 곳에 한국 산이 존재하는 것이다. 어떻게 이런 일이 있을 수 있을까. 놀라움과 함께 걱정도 생겼다. 가라쿠니다케에 오를 때마다 '한국악' 글씨가 자꾸 희미해져갔기 때문이다. "조금 지나면 글씨를 알아 보지 못하겠구나"라는 생각이 들었다. 또 "그걸 핑계로 일본이 푯말을 아예 없애 버릴지도 모르겠다"고도 생각했다. 가라쿠니다케와 가락국의 연관성을 일본이 좋아할 리 없으니 말이다. 당시 기리시마의 마에다 시장에게 여러 번 건의를 하였다. "한국 사람들이 정상에 오르면 모두가 푯말을 배경으로 기념사진을 찍습니다. 그런데 푯말이 너무 낡아서 초라해 보입니다. 깨끗한 푯말로 교체하면 기리시마의 이미지도 좋아질 겁니다." 제안이 통했는지는 모르겠지만 이 후 낡은 푯말은 새것으로 교체되었다.

## 고 이종기 선생의 탐사 여행

가라쿠니다케에 한국악이라는 이름이 붙은 연유에 대해서는 아직까지 정확하게 밝혀진 게 없다. 그런데 1970년대, 그것에 대한 궁금증을 품고 탐사에 나섰던 재야 사학자가 있었다. 독자들에겐 생소한 이름인지도 모르겠다. 고 이종기(1929~1995) 선생이다. 선생은 1975년 가야사 연구를 위해 가라쿠니다케를 답사하면서 "일본 정부가 제작한 공식 지도(일본 국토지리원의 정식표기)에도 한국산이라는 뜻의 '한국악'이 있다"며 "한국악을 '가라쿠니'로 읽어온 데는 필시 곡절이 있을 것"이라고 말했다고 한다.

그렇게 세월이 흘러 지금은 그 따님이 아버지의 연구에 힘을 보태고 있다. 따님은 생태환경 저술가인 이진아 씨다. 이진아 씨는 2017년 겨울, 『지구 위에서 본 우리 역사』라는 책을 펴냈다. 이진아 씨는 책에서 가라쿠니다케를 포함, 가야국의 규슈 진출에 대한 아버지의 주장과 견해를 다시 한 번 밝히고, 여기에 본인의 연구를 추가했다. 나는 이 책을 읽으면서 고개가 끄덕여졌다. 아버지의 주장을 이어가면서도 또 다른 각도에서 본인이 추론하고 검증하고 더 나아가 결론에 가까운 답을 내렸기 때문이다.

가고시마와 야쿠시마를 오가면서 나는 늘 그런 생각을 했다. "한국의 소장 학자나 전문가가 연구에 파고들어 속 시원하게 가라쿠니다케에 얽힌 수수께끼를 좀 풀어줬으면 좋겠다"고 말이다. 그런데 그 갈증을 이진아 씨가 다소 풀어준 셈이 됐다.

사람들은 이종기 선생을 '아동문학가'라고 불렀다. 하지만 그는 거기에 머물러 있지 않았다. 따님인 이진아 씨는 아버지에 대해 "고

가라쿠니다케 정상에서 바라 본 전경 - 가운데 삼각형 봉우리가
일본 천왕가의 조상신이 내려왔다고 하는 다카치호 봉우리이다

구려에서 시작해 가야까지 고대사에 대한 열정이 대단하셨던 분"이라고 말했다. 그래서 후대는 그를 재야 사학자라고 부른다. 가야(가락국) 연구에 몰두하던 이종기 선생은 1970년대 인도(아요디아)로, 일본(규슈)으로 발품을 팔며 탐사에 나섰다. 지금처럼 해외여행이 자유롭지 않던 시절이라 연구는 더 힘들 수밖에 없었다.

일연 스님이 쓴 『삼국유사』와 중국 사서인 『삼국지 위지 동이전』이 그의 길라잡이였다. 그 결과 이종기 선생은 가락국의 수로왕릉을 상징하는 쌍어문(雙魚紋)이 일본, 중국, 인도에도 존재한다는 것을 밝혀냈다. 이는 김수로왕의 부인 허황옥(허황후)이 인도~중국~일본으로 이어지는 뱃길을 통해 시집을 왔다는 것을 말한다. 허황옥이 인도 출신이라고 기록한 『삼국유사』의 설화 내용을 탐사를 통해 팩트로 증명한 셈이다. 물론 증명이라고 표현하기에는 당시 사학계의 입장이 그렇지 못했다.

이진아 씨는 이에 대해 『지구 위에서 본 우리 역사』에서 "이종기의 주장이 나온 1970년대 말 이래 한국 사회에서는 이와 관련한 논란이 끊이지 않았다", "주류 역사학계는 최근까지도 대체로 그 가능성을 부인했다"고 썼다. 하지만 이종기 선생의 주장에 동조하는 사람도 적지 않았다고 한다. 언론인 천관우 선생, 국립중앙박물관장 최순우 선생, 한양대 김병모 교수, 홍익대 김태식 교수들이다. 또 소설가 최인호 씨 등 여러 문인들도 창작 모티브로 삼았고, 미디어는 다큐멘터리 등으로 제작하며 가야사를 재해석했다.

이종기 선생의 탐사를 계기로 김수로 왕의 후손들인 김해김씨 종친회 측도 가야사 복원에 남다른 노력을 기울였다고 한다. 여기

에 큰 물꼬를 터준 것이 늦은감은 있지만 문재인 대통령의 의지였
다. 문 대통령은 취임하자마자 가야사 복원을 '정부 100대 국정과
제'로 채택했다. 이런 가운데 한국, 중국, 일본 등 3개국 학자들이
참여한 가야사 국제학술회의가 지난 4월 27, 28일 김해시에서 개최
되기도 했다.

나는 일본의 고대사와 가야사를 연결시킬 만큼의 지식을 갖고
있지는 않다. 그렇지만 바람은 있다. 가락국(가야)과 가라쿠니다케
를 통해 가야사 연구가 더 확장되고 더 진전되기를 바란다. 또 아동
문학가가 아닌 재야 사학자로서 이종기 선생의 탐구와 노력이 재조
명 받았으면 좋겠다.

# 섣달 그믐, 나이를 선물받았다

일본의 섣달그믐을 오오미소카(大晦日)라 한다. 이날 밤 메밀국
수를 먹는 게 일반적인 풍습이다. 해를 넘기며 먹는 소바라고 해서
'토시코시소바'(年越しそば)라고 지칭한다. 야쿠시마라고 다르지 않
다. 야쿠시마의 자연시인 야마오 산세이는 이렇게 말한다.

> 섣달 그믐날에는 12시가 넘으면 아내와 둘이서 집 앞의 계곡으로
> 내려가 새해의 정화수를 뜨는 것이 우리 집 습관이다. 올해는 감
> 기 기운이 있다며 아내가 일찍 잠자리에 든 까닭에 나 혼자 해 넘
> 기기 메밀국수를 만들어 먹고 주전자를 들고 계곡으로 내려갔다.
> (『여기에 사는 즐거움』 이반 옮김 도솔 230쪽).

토시코시소바를 먹지는 않았지만, 나는 일본에서 처음으로 섣달
그믐을 보낸 적이 있다. 나는 당시 영화 〈시간의 숲〉 촬영을 옆에서
지켜 보면서 그날 밤을 보냈다. 현지 통역과 안내를 하며 그곳에 머
물렀는데, 몸도 마음도 좀 지쳐있었다. 공교롭게 한 해의 마지막날

야쿠시마에 폭설이 내렸다. 흔하지 않는 일이다. 그러면서 야쿠시마를 왕래하는 비행기편이 결항 되었다. 그래서인지 야쿠시마는 더 한가해 보였다. 일본 여느 곳처럼 해를 넘기며 토시코시소바를 먹는 야쿠시마 사람들에겐 특별한 섣달 그믐날 행사가 있다. 토시노카미사마(年の神樣)라는 의례다. 가장 큰 마을인 미야노우라에서 대대로 이 행사를 치르고 있다고 한다. 촬영팀은 이 의례를 영화에 담기 위해 준비를 하고 있었다.

원래 토시노카미사마는 설날을 맞이하는 신이다. '토시'라는 말은 고대어로 벼를 이르는 말이었다. 그래서 토시노카미사마는 농작의 신을 의미한다. 해가 바뀔 무렵에 찾아와서, 풍년을 약속하는 신이 바로 토시노카미사마인 것이다. 일부 지방에서 농작의 신과 집을 수호하는 조상의 영혼을 동일시했는데, 그러면서 토시노카미사마를 가정을 지켜주는 신으로도 모시게 되었다고 한다.

토시는 벼 이외에 나이(年)를 의미하는 단어다. 야쿠시마에서는 그 해의 마지막 날에 토시노카미사마한테 나이를 한 살 선물받는다고 한다. 행사는 주로 마을의 청년단이 나서서 치른다. 당시 찍었던 장면이 나오는 영화 DVD를 오랜만에 다시 찾아 봤다. 배우 박용우 씨는 이 행사에 대해 다음과 같은 내레이션을 하고 있다.

12월 31일이 되면 야쿠시마에서는 토시노카미사마라는 신들을 맞는 의례가 행해진다. 토시노카미사마는 아이들에게 나이를 주는 신이다. 한해의 마지막 날 어린이가 있는 야쿠시마의 가정에서는 토시노카미사마를 집으로 초대하는데 그때부터 한바탕 소란이 벌어지기 시작한다.

마을 청년들이 분장한 토시노카미사마는 하얗고 긴 머리를 늘어
뜨리고 지팡이를 들고 가정집을 찾아간다. 얼굴 모습도 당연히 무
서울 수밖에 없다. 영화에는 다음과 같은 대사가 나온다.

"말 안 듣는 아이들 나와라. 산으로 잡아갈 테다."

"저는 부모님 말 잘 들어요"

"정말이야?"

"네, 정말이예요"

"엄마, 아빠 진짜예요? 이 집 아이가 말을 잘 들어요?"

"네, 말을 잘 들어요"

그러자 토시노카미사마가 이번에는 옆에 있는 사내아이에게 묻
는다.

"그럼, 너는?"

질문을 받은 사내아이가 머뭇거리다가 대답을 한다.

"아니요"

"뭐라고, 여보게들 여기에 나쁜 어린이가 있어."

토시노카미사마가 한층 더 무서운 표정으로 말한다. 사내아이는
그제서야 잘못을 빌고 부모님 말씀을 잘 듣겠다는 약속한다.

"동생은 언니 말 잘 들을 거지?"

겁에 질린 동생은 큰 소리로 대답을 한다. 그걸 옆에서 지켜보는
언니의 얼굴엔 여유가 있다. 아마도 언니는 이 행사가 올해 처음이
아닌 듯했다. 그렇게 아이들은 토시노카미사마한테 떡 하나와 나이

한 살을 선물받는다. 그런 모습이 재미있었던지, 아이들을 지켜보던 배우 박용우 씨와 타카기 리나 씨도 웃음을 터트리고 말았다.

이 행사는 1977년 국가중요무형민속문화재로 지정됐다고 한다. 매년 섣달 그믐날에 토시노카미사마가 지상에 내려와, 어린아이에게 좋은 점을 칭찬하고, 나쁜 점을 꾸짖고 훈계하는 등 예의범절을 가르치기 위한 행사다. 마지막에는 좋은 아이가 되기로 약속하고, 토시모찌(커다란 공 모양의 떡)를 아이에게 건네고 돌아간다.

섣달 그믐날 행사는 신사에서도 치러진다. 야쿠 신사(益救神社)다. 미야노우라(宮之浦)의 한자를 보면 '궁(신을 제사지내는 건물)이 있는 항구'라는 의미를 담고 있다. 그 궁이 야쿠 신사다. 재미있는 건 신사 이름의 한자가 屋久가 아니라, 益救라는 것이다. 야쿠 신사는 '구원의 궁'이라는 의미다. 규모는 크지 않지만, 야쿠시마 사람들을 하나로 묶는 중요한 공간이기도 하다.

야쿠 신사는 원래 야쿠시마 중앙부 3개의 고봉인 미다케(미야노우라다케, 나가타다케, 쿠리오다케)의 신을 모신 곳이라고 한다. 과거에는 섬 내 각지에 미다케의 참배소가 있었다. 메이지유신까지는 옛 부락 18곳에 각 촌락의 이름을 딴 야쿠 신사가 있었지만, 현재는 미야노우라의 야쿠 신사를 제외하면 하라마을에 있는 하라야쿠 신사만 남아 있다. 또 미야노우라다케 정상에는 야쿠 신사의 산정 참배소가 있다.

나와 촬영팀은 밤 11시경 야쿠 신사에 도착했다. 이미 많은 주민들이 모여 있었다. 모닥불을 피우고, 한 쪽에서는 음식과 술을 준비하고 있었다. 이윽고 밤 12시가 되자, 간단한 의식이 행해진 뒤에

미야노우라에 있는 야쿠 신사 입구

큰북 공연이 시작되었다. 공연에 빠져 있는 사이 비가 내리기 시작했다. 섣달 그믐날 비 오는 야쿠시마에서 울려 퍼지는 북소리에 묘한 여운이 느껴졌다. 큰북 공연이 끝나자 분위기는 한층 달아 올랐고, 하이라이트인 큰 술통을 깨는 의식이 벌어졌다. 술은 모인 사람들에게 모두 나눠줬다.

현지 사람들은 촬영을 하던 우리에게도 따뜻하게 데운 술을 권했다. 비가 와서 더이상 촬영을 이어가기도 어려운 상황이었다. 우리 일행도 야쿠 신사의 송년 행사에 점점 빠져들었다. 그렇게 야쿠시마에서의 한 해의 마지막 날이 저물어 갔다. 나는 야쿠시마에서 한 살 나이를 더 먹는 선물을 받은 셈이었다.

원령공주의 섬 야쿠시마

### 산악참배 다케마이리

야쿠시마의 각 마을에서는 1년에 2번, 봄과 가을에 산신을 참배하는 데 이를 다케마이리(岳参り)라고 부른다. 깊은 산을 뜻하는 오쿠다케까지는 이틀 정도 걸리기 때문에 마을 사람들 전부가 오를 수 없다. 그래서 마을을 대표하는 청년들은 흰 옷을 입고 가장 대표적인 해산물과 가장 깨끗한 모래를 들고 산으로 올라간다. 산신을 기쁘게 하는 데는 해산물이 중요하다고 한다. 청년들은 산에서 백년초를 갖고 와서 마을 사람들에게 나눠준다. 산악참배는 바다와 산 양쪽을 신앙의 공간으로 삼는 야쿠시마 특유의 풍습이라고 할 수 있다.

### '풍어 기원제' 토비오우 마네키

야쿠시마의 대표적인 풍어제로 토비오우 마네키(トビウオ招き)가 있다. 토비오우는 야쿠시마 방언으로 날치를 뜻한다. 마네키는 '부른다, 불러들인다' 라는 말이다. 야쿠시마 주변 해역은 날치 어장으로 유명한데, 4월부터 6월에 걸쳐서 산란 장소를 찾는 날치떼가 쿠로시오 해류를 타고 몰려온다. 토비오우 마네키는 나가타하마의 나가타강 입구에 있는 에비스신 앞에서 행해 진다. 에비스신은 풍어를 부르는 신이다. 에비스신은 사람들과 바다를 이어주는 증표로서, 바닷가 부락에서는 많이 섬긴다. 여인네들이 바위에 올라가서 오색헝겊 등을 붙인 대나무를 흔들고 노래를 부르는 의식이다.

# 야쿠시마에 대해 알고 싶은 두세 가지 것들

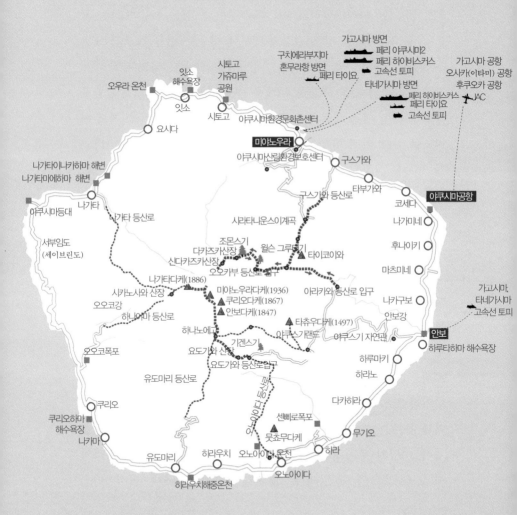

오우라 온천

잇소
해수욕장
잇소

시토고
가쥬마루
공원

구치에라부지마
혼무라항 방면

시토고

가고시마 방면
페리 야쿠시마2
페리 하이비스커스
고속선 토피

페리 타이요

가고시마 공항
오사카(이타미) 공항
후쿠오카 공항

야쿠시마환경문화촌센터

타네가시마 방면
페리 하이비스커스
페리 타이요
고속선 토피

JAC

요시다

야쿠시마산림환경보호센터

미야노우라

구스가와

타부가와

야쿠시마공항

나가타이나카하마 해변
나가타미에하마 해변

구스가와 등산로

코세다

나가미네

나가타

나가타 등산로

시라타니운스이계곡

후나이키

야쿠시마등대

조몬스기
다카즈카산장
신다카즈카산장

윌슨 그루터기

타이코이와

마츠미네

서부임도
(세이브린도)

오오카부 등산로

이라카와 등산로 입구

나카구보

나가타다케(1886)

시카노사와 산장

미야노우라다케(1936)

안보강

오오코강

쿠리오다케(1867)

안보다케(1847)

타츄우다케(1497)

가고시마,
타네가시마
고속선 토피

안보

하나야마 등산로

하나노에고

야쿠스기 랜드

야쿠스기 자연관

하루타하마 해수욕장

오오코폭포

기겐스기
요도가와 산장

요도가와 등산로입구

하루마키

유도마리 등산로

하라노

다카히라

쿠리오하마
해수욕장

나카마

쿠리오

센삐로폭포

무기오

뭇쵸무다케

하라

유도마리

히라우치

오노아이다온천

오노아이다

히라우치해중온천

홋카이도

혼슈

도쿄

시고쿠

규슈

가고시마현

야쿠시마 ● / 다네가시마섬

## 지리

야쿠시마는 일본 남규슈 가고시마현 오스미 반도의 사타미사키에서 남남서쪽 60킬로미터 해상에 있다. 제주도의 4분의1정도 크기다. 섬 전체 면적의 상당 부분이 국립공원으로 지정돼 있다. 또한 국립공원의 80%, 섬 전체 면적으로는 20%가 1993년 유네스코 세계자연유산으로 지정됐다.

섬의 둘레는 132킬로미터이며 대부분 화강암으로 이루어져 있다. 차로 섬을 일주하는 데는 대략 2시간 30분 정도가 소요된다. 규슈의 최고봉인 미야노우라다케(1936미터)를 비롯, 천 미터를 넘는 봉우리 46개를 품고 있다. 그중에도 7천2백 년 된 조몬스기와 야쿠스기라 불리는 천 년 이상 된 삼나무들이 해발 천 미터 정도에 거대한 숲을 이루고 있는 것이 장관이다. 규슈의 최고봉 중 7개가 야쿠시마에 집중해 있어서 '해상의 알프스'로 불리며 생태지리학적으로도 가치가 높은 섬이다.

사람이 살고 있는 평지의 평균기온은 섭씨 약 20도, 산 정상 가까이는 북해도 삿포로의 연평균 기온과 거의 동일한 섭씨 7~8도이다. 그러므로 야쿠시마에서 일본 열도 전체의 기온변화를 체험할 수 있다고 이야기 한다.

또한 연 평균 강수량은 저지대에서 3천~4천mm 산악부에서 8천~1만mm에 이른다. 어마어마한 비는 산을 타고 바다로 흘러드는데, 그 과정에서 140개의 하천과 무수한 폭포를 형성하며 변화무쌍한 자연경관을 만들어 냈다. 섬의 인구는 약 1만 4천여 명이며 대부분 어업 농업 등 1차산업에 종사하고 있다.

한때는 섬에 자생하고 있는 원숭이 2만 마리, 사슴 2만 마리와 더불어 인구가 6만이라고도 했다. 그러나 지금은 젊은이들이 섬을 떠나고 있어 인구는 점점 줄어들고 있는 실정이다.


## 역사

야쿠시마가 처음으로 문헌에 나오는 것은 중국 수나라의 『수서 隋書』에서 확인할 수 있다(607년). 이때 일본은 야마토 정권(大和時代250~710)이 지배하고 있었지만 야쿠시마는 야마토 정권의 지배는 없었던 것 같다. 원래 야쿠시마의 존재는 일본의 조정에 크게 인식되어 있지 않았지만, 남서제도들 중에 다네가시마(種子島)가 일본의 지배를 받게 되면서 서서히 야쿠시마의 존재가 알려지기 시작하였다. 나라시대(710~794)에 들어와서 일본 역사 속에 확실히 야쿠시마라는 이름이 등장한다.

야쿠시마가 각광을 받게 된 것은 도요토미 히데요시(豊臣秀吉 1536~1598)가 교토에 있는 호코지(方広寺)라는 절을 짓기 위해 전국의 다이묘에게 목재 조달을 명령하면서부터다.

에도시대(1603~1868) 때는 고승 토마리 죠치쿠(泊如竹)가 도민의 궁핍한 생활을 개선하려고 사츠마번에 야쿠 삼나무 벌채를 청해 섬의 경제부흥에 힘썼다. 섬사람들이 신의 나무라고 두려워하며 자르지 못하자 신에게 승낙을 얻었다고 설득하여 채벌하도록 지도했다고도 한다.

1708년에는 쇄국정책을 고수하던 일본에 기독교 선교사 조반니 바티스타 시도치가 야쿠시마에 잠입해 상투를 틀고 무사로 변장했지만 곧바로 잡혀 에도로 보내지는 일도 있었다.

메이지 유신이 일어나고 1873년 야쿠 삼나무 벌채 제한령이 내려지고 섬의 산림 대부분이 국유지로 편입되었다. 1891년에는 국립산림감시소가 설치되어 도벌(盜伐)의 단속이 강화되었다. 그러나 이후 산림의 귀속을 둘러싸고 정부와 도민의 긴 법정 공방이 시작되었다. 이에 정부는 1921년 '야쿠시마국유림경영의대강'이라는 법을 제정 국유림의 일부를 개방하고 섬 주변의 생활과 자연보호 등을 정했다.

## 야쿠시마 트레킹 준비사항

교통편

1. 가고시마 공항이용

인천공항에서 대한항공이 주 3회(수,금,일) 이스타항공이 주 4회(수,금,일,월) 운항하고 있다. 가고시마 공항에서 공항버스를 이용하여 야쿠시마행 고속선터미널까지 이동하는데 약 1시간이 걸린다(버스비 1,250 엔). 고속선은 하루 6회 정도 운항하며 1시간 50분이 소요된다(왕복할인요금: 성인 16,200 엔 , 소인(초등학생)은 성인요금의 반액).

고속선 시간표 https://www.tykousoku.jp/fare_time/

2. 후쿠오카 공항이용

후쿠오카 공항에서는 하루 1회 국내선항공(JAC)을 이용하여 야쿠시마로 갈 수 있다(통상요금 편도 25,600 엔 약 1시간 소요 ).

국내선항공 예약사이트: http://www.jal.co.jp/

조금 저렴하게 가는 방법은 후쿠오카현 하카타역에서 신칸센을 이용하여 가고시마 중앙역까지 이동, 중앙역에서 택시를 타고 고속선터미널로 이동한 후(택시비 1,000 엔 미만) 고속선을 이용하여 야쿠시마에 갈 수 있다. (JR큐슈 3일간 프리패스 15,000 엔)

월 평균 기온과 강수량

| 월 | 1월 | 2월 | 3월 | 4월 | 5월 | 6월 |
|---|---|---|---|---|---|---|
| 평균 기온 | 11.4 | 11.7 | 14.2 | 17.6 | 20.5 | 23.5 |
| 최고℃ | 14.2 | 14.5 | 17.2 | 20.9 | 23.8 | 26.6 |
| 최저℃ | 8.4 | 8.7 | 11.1 | 14.3 | 17.1 | 20.6 |
| 강수량 mm | 257.3 | 272.9 | 427.0 | 425.6 | 454.6 | 697.1 |
| 월 | 7월 | 8월 | 9월 | 10월 | 11월 | 12월 |
| 평균 기온 | 26.6 | 26.9 | 25.1 | 21.6 | 17.7 | 13.4 |
| 최고℃ | 30.0 | 30.3 | 28.3 | 24.5 | 20.6 | 16.3 |
| 최저℃ | 23.5 | 24.0 | 22.2 | 18.8 | 14.7 | 10.4 |
| 강수량 mm | 324.9 | 296 | 398.6 | 303.8 | 270.6 | 230.4 |

야쿠시마는 한달중 35일 비가 내린다고 할 만큼 비가 많이 온다. 마을엔 이틀에 한 번, 산에는 3일에 두 번 비가 온다고 생각하면 된다.

비를 즐긴다는 마음으로 가자!

야쿠시마의 숲을 제대로 느끼기에는 비오는 날이야말로 안성맞춤이다. 나무와 이끼들도 생동감이 넘친다. 즐길 수 있는 마음이 있으면 조금 젖더라도 그것조차 즐거움이 된다. 비에 대한 대비를 확실

야쿠시마에 대해 알고 싶은 두세 가지 것들

한다면 비와 함께 어우러진 숲의 아름다움을 실감할 것이다.

## 기온

마을과 산간 지역에서는 기온차가 크다. 표고 100미터 올라가면 0.65도 정도 기온이 내려간다. 즉 조몬스기(1,300미터)는 마을보다 약 8도 낮아진다. 그래서 예를 들어 7월 조몬스기 기온은 평균 기온 26.6-8 = 18.6도가 된다. 또한 바람이 불면 풍속 1미터에 대해서 체감 온도가 1도씩 떨어지고 비에 젖어 있다면 더욱더 떨어진다.

## 복장

12~2월　티셔츠, 긴팔티, 비옷, 긴바지, 타이즈, 두꺼운 방한복,
　　　　다운베스트, 레깅스 등
3~4월　티셔츠, 긴팔티, 비옷, 긴바지, 타이즈, 방한복
5~6월　티셔츠, 긴팔티, 비옷, 긴바지
7~9월　티셔츠, 긴팔티, 비옷, 긴바지 (언더웨어/ 타이즈에 반바지 가능)
10~11월　티셔츠, 긴팔티, 비옷, 긴바지, 타이즈, 방한복
청바지는 비에 젖으면 걷기도 힘들고, 땀흡수도 안 좋다.

## 숙박

등산 중에 숙박이 가능한 곳은 지정된 산장뿐이다. 사전 연락은 필요치 않고 무료다. 무인산장이라 식사나 침구는 각자 준비 한다.

기본장비

1. 등산복 : 등산복은 빨리 마르는 재질의 셔츠를 착용한다. 여름에도 저체온증에 걸릴 수 있다. 갈아입을 옷 (긴팔 셔츠 & 양말)도 반드시 방수, 방한 등을 고려해 준비하자.

2. 우비는 상하 분리된 것으로 방수성이 좋은 고어텍스 비옷이 좋다.

3. 등산화 : 장시간의 보행에 맞는 등산화 체크! ① 발목이 보호되는가 ② 발바닥이 두꺼운가 ③ 미끄럼 방지가 붙어있는가를 체크할 것. 자신의 발에 익숙한 운동화(바닥이 두꺼운)를 신어도 괜찮지만, 발목보호를 위해 약국 등에서 발목 보호대를 구입해 착용할 것을 권한다. 새 신발은 반드시 일주일 정도 길들여 주자. 또한 이미 가지고 계신 분은 출발 전에 밑창 고무 접합부위가 떨어지지 않았는지 확인하자.

4. 등산배낭 : 당일치기의 경우 20 ~ 30리터의 배낭을, 1박 2일 조몬스기 트레킹의 경우는 45 ~ 50리터 배낭을 준비한다. 소중한 물건은 지퍼백 등에 넣어 방수처리하고, 필요한 최소한의 물건을 산에 가져가자.

5. 그 밖에 챙길 물건들 : 도시락(호텔 등에서 주문 및 구입), 이온음료는 준비하는게 좋다. 행동식(달고 영양과 염분섭취가 될 수 있는 음식 필요, 초코바, 포테토칩 등등), 비상약, 기타(손전등, 수건, 장갑, 화장지 적당량, 비닐 봉투 여러 장 - 화장실 종이 등은 가지고 돌아가야 하므로 검은색 쓰레기 봉투로!), 모자, 선크림, 가방(숄더백은 불가)을 준비한다. 귀중품 등을 위해 방수 지퍼 잠금이 편리하다.

야쿠시마에 대해 알고 싶은 두세 가지 것들

요도가와 산장 앞 텐트

## 야쿠시마 숲길 3대 트레킹 코스

야쿠시마의 숲을 제대로 만끽하려면 3곳을 전부 둘러봐야 한다. 시라타니운스이 계곡, 야쿠스기랜드, 조몬스기 트레킹 코스다. 비슷비슷한 코스지만 조금씩 차이가 있다.

①시라타니운스이 계곡

1974년 3월 자연 휴양림으로 지정된 이 협곡은 해발 600~1,100미터에 위치해 있고, 면적은 424헥타르에 달한다. 야쿠스기 등 원시 삼림을 쉽게 감상할 수 있는 곳이다. 또한 하이킹 등 가벼운 마음으로 방문할 수 있는 최적의 삼림 레크리에이션 지역으로 알려져 있다. 등산로 입구에서부터 시라타니강의 맑은 물, 겹겹이 쌓인 바위들, 깎아지른 계곡을 볼 수 있다.

접근성도 용이하다. 미야노우라에서 12킬로미터 정도 떨어져 있는데, 차량으로는 30분 소요된다. 미야노우라항에서는 노선버스를 이용할 수 있다. 시라타니운스이 계곡은 60분 소요되는 야요이스기(弥生杉) 코스, 3시간 걸리는 부교스기(奉行杉) 코스, 4시간은 돌아야 하는 타이코이와(太鼓岩) 왕복 코스로 세분화된다.

자연 휴양림 내의 쿠스가와(楠川) 등산로를 걷다보면 야쿠스기와 조엽수가 혼재하고 있는 것을 볼 수 있다. 희귀 초록식물인 고사리, 이끼류가 아름다운 전경을 만들어 내는데, 애니메이션 〈원령공주〉의 무대로 우리를 이끌어 준다. 시라타니운스이 계곡은 특히 초

야쿠시마에 대해 알고 싶은 두세 가지 것들

여신 삼나무

대왕 삼나무 – 추정 수령 3천 년

붓다스기 – 추정 수령 천8백 년

기겐스기 – 추정 수령 3천 년

야쿠스기 자연관

봄 강가에 핀 영산홍과 산철쭉이 그야말로 장관이다. 야쿠시마의 최고봉 미야노우라다케(1936미터)로 연결되는 등산로가 조성되어 있어서 츠지 고개(辻峠), 윌슨그루터기, 대왕 삼나무, 조몬스기를 경유하여 미야노우라다케 정상으로 갈 수 있다.

　교통편: 노선버스 1일 4회 왕복

　(미야노우라 출발 기준 08:13　10:18　13:23　15:33)

　입장료: 500엔 (삼림 환경정비 추진 협력금)


　②야쿠스기랜드

　시라타니운스이 계곡과 함께 자연 휴양림으로 지정된 곳이다. 안보에서 약 16킬로미터, 해발 1,000~1,300미터에 있다. 면적은

오키나스기(翁杉) - 조몬스기 가는 도중 만날 수 있다. 밑동 둘레 19.7미터 추정 수령 2천 년

삼대 삼나무 - 할아버지 거목이 잘려나간 그루터기에 아버지 되는 거목이 자라나고, 다시 아버지
도 잘려버린 그루터기에 아들 되는 거목이 자라고 있다

270.33헥타르로, 4개(30분, 50분, 80분, 150분) 코스로 나누어져 있다. 각자의 시간 스케줄과 체력에 맞게 코스를 골라 즐기면 된다. 삼나무랜드라는 이름대로 붓다스기, 기겐스기(紀元杉), 모자 삼나무, 세 뿌리 삼나무, 가와가미(川上杉) 같은 거목과 쌍둥이 삼나무, 쿠구리스기, 수염장로 삼나무 등 독특한 이름을 가진 다양한 삼나무들이 자리 잡고 있다. 야쿠스기랜드는 야쿠스기의 자연을 체험함과 동시에, 숲과 사람의 역사를 이해할 수 있는 풍요로운 숲이라고 할 수 있다.

교통편: 노선버스 1일2회 왕복 (안보 기준   09:20 출발~09:59 도착,  13:33출발~14:12 도착) 입장료: 500엔 (삼림 환경정비 추진 협력금)

### ③ 조몬스기 트레킹 코스

조몬스기 트레킹의 시작점은 아라카와(荒川) 등산로 입구이다. 이곳까지 가려면 야쿠스기 자연관에서 등산버스로 환승해야 한다. (버스 운행 기간: 3월 1일~11월 30일) 등산로 주차장이 한정되어 있어서 일반차량을 다 수용할 수가 없다. 그래서 등산로 세 갈래 길에서 일반차량을 통제한다.

등산로까지 접근할 수 있는 차량은 택시, 전세버스, 그리고 등산버스(편도 870엔)다. 등산버스는 04:40, 05:00, 05:20, 05:40, 06:00에 출발한다. (버스시간은 계절에 따라 변동) 아침에 등산로 입구에 도착하면, 우선 도시락을 먼저 먹고 맨손체조를 실시한다. 이후 화장실을 이용하고 가벼운 마음으로 산행을 시작한다. 산행 시간은 평균 9시간~9시간30분 정도 소요된다.

등산로에서 오오카부보도(大株步道) 입구까지는 삼림 철도 위를 걷게 된다. 이 철길은 과거 삼나무를 벌채하고 운반하기 위해 설치됐다. 출발한지 50분쯤 지나면, 고스기다니(小杉谷) 마을터가 나온다. 삼림 벌채가 성행하던 시기에 조성된 마을인데, 벌채가 줄어들면서 50년 전에 마을이 없어지고 지금은 터만 남았다. 여기서 다시 30분 정도 걸으면 간이화장실이 나온다.

걷는 중간중간에 삼대스기, 인왕스기 등을 만나게 되고, 출발 후 2시간 30분 정도가 지나면 오오카부보도 입구에 도착하게 된다. 이곳에도 화장실이 있다. 이후 조몬스기를 보고 내려오는 동안에는 화장실이 없기 때문에 반드시 여기서 '볼일'을 해결해야 한다.

오오카부보도에서부터 본격적인 등산이 시작된다. 길이 힘든 대신, 볼거리가 많아서 산행의 피로를 달래주는 맛도 있다. 밑동만 남은 오키나(할아버지) 삼나무, 하트 사진으로 유명한 윌슨그루터기, 그리고 대왕 삼나무, 부부 삼나무 등이 차례로 나타난다. 1시간 40분 쯤 지나면 마침내 목적지인 조몬스기와 마주한다. 조몬스기 근처에서 준비해간 도시락으로 점심을 먹고 천천히 내려오면 하산길은 평균 4시간 소요된다. 아라카와 등산로 입구로 돌아와서 등산버스를 타고 야쿠스기 자연관에서 환승, 각자의 숙소로 돌아가면 된다.

교통편: 등산버스 15:00, 15:30, 16:00, 16:30, 17:00, 17:30, 18:00

（출발 시간 기준, 버스 시간은 계절에 따라 변동）

입장료: 삼림 보존 협력기금 1일 1,000엔, 1박2일 2,000엔

천년스기

쿠구리스기

카와카미스기 – 수령 추정 2천 년

니다이다이스기(二代大杉)

삼림 철도                    미야노우라다케 정상

터널 - 이곳을 지나가면 드디어 신의 영역으로 들어감을 실감한다

## 삼림 철도 따라 도열한 삼나무들

야쿠시마의 상징인 조몬스기를 하루 만에 보려면 숙소에서 새벽 5시에는 출발해야 한다. 아라카와(荒川) 등산로 입구에서 도시락으로 간단한 아침을 먹고 발길을 재촉해 조몬스기를 보고 다시 등산로 입구로 돌아오는 길은 왕복 22킬로미터로 꽤나 멀다. 조몬스기에 오르기 위해서는 8킬로미터의 삼림 철도를 걸어야 한다. 삼림철도는 1923년 삼나무 목재 반출을 위해 만들어진 철로다. 벌목업이 발달하면서 산에는 마을과 학교도 만들어졌다. 하지만 사업 축소로 1969년 5월 삼림 철도는 운행을 중지했다. 경사가 없는 완만한 길이라 트레킹 코스로 제격이다. 철길의 너비는 어른 손으로 네 뼘 정도 된다. 한 사람이 걸을 정도로 좁은 길을 등산객들이 줄을 지어 침목 위를 걷는다.

철길 옆으로는 쭉쭉 뻗은 삼나무들이 도열해 있다. 이끼 덮인 삼나무들이 울창한 원시림은 산림욕 효과도 크다. 숲에 사는 원숭이와 사슴 같은 야생동물을 등산로 곳곳에서 쉽게 만날 수 있다. 보슬비가 마르면서 삼나무들 사이로 햇볕이 쏟아지고, 맑디맑은 새소리도 청아하게 퍼져 나간다. 삼나무에서 뿜어져 나오는 피톤치드는 가슴을 더없이 맑게 해준다. 삼나무들은 온통 이끼옷을 입고 있다. 빗방울을 대롱대롱 매달고 있는 이끼를 쓰다듬어 보면 마치 카페트를 만지듯 손이 쑥 잠긴다. 모든 삼나무들이, 숲이 온통 이끼를 두르고 있다. 그래서 야쿠시마는 '고케노 시마'(苔の島)라고 불린다. '이끼의 섬'이라는 뜻이다.

조몬스기 등산로 삼림 철도

# 야쿠시마의 호텔, 민박집

야쿠시마에는 리조트호텔부터 료칸, 히토무네 카시키리(一棟 貸し切り: 한 동 전세), 민슈쿠(민박), 펜션, 로지(오두막형 펜션), 스도마리(素泊り: 잠만 자는 숙소) 등 다양한 형태의 숙박시설이 있다. 특히 민슈쿠의 경우, 민박집이라고는 하지만 한국과는 많이 다르다. 잠자리와 음식 서비스가 괜찮은 민슈쿠가 꽤 있다. 내 경험에 비추어보면, 저렴한 료칸급 숙소라고 할 수 있다. 스도마리의 경우 숙소 근처 인근 식당에서 식사를 해결하면 된다.

야쿠시마에는 트레킹을 통해 몸이 다소 고생하는, 그런 즐거움을 맛보기 위해 가는 사람들이 대부분이다. 그러니 야쿠시마 사람들과 좀 더 친해지고, 야쿠시마의 속살을 좀 더 알고 싶으면 민박집이나 스도마리 등에 묵어도 좋다. 물론 경제적 여유가 있다면 료칸이나 호텔을 이용하는 것도 좋은 선택이다. 야쿠시마에서 묵었던 경험이 있는 대표적인 숙박업체들을 소개해 본다(홈페이지가 없는 곳은 관련 링크를 넣었다).

### 야쿠시마 이와사키 호텔(屋久島いわさきホテル)

가고시마현에서 가장 영향력 있는 이와사키그룹이 운영하는 호텔이다. 일본 소설가 온다 리쿠(恩田陸)가 야쿠시마를 배경으로 쓴 소설『흑과 다의 환상』에 등장하는 호텔로 잘 알려져 있다. 호텔 뒤로는 못쵸무다케가 웅장하게 병풍처럼 펼쳐져 있다. 온다 리쿠는 로비에서 바라보는 전망을 "어딘지 모르게 두려움마저 느껴지는 훌륭한 전망이었다"고 묘사했다. 마운틴뷰와 오션뷰를 한꺼번에 조망할 수 있다. 객실수 120개다.

주소: 鹿児島 県熊毛郡 屋久島町 尾之間1306

전화: (0997)47-3888 / http://yakushima.iwasakihotels.com/

야쿠시마 이와사키 호텔

### 야쿠스기소우(やくすぎ荘)

미야노우라 강변에 있어서 고즈넉한 분위기를 만끽할 수 있다. 야쿠시마산 식재를 활용하여 음식이 맛있기로 알려져 있다. 미리 주문하면 저녁 식사는 바비큐로도 즐길 수 있다. 이곳은 숙박 이외에 조몬스기와 시라타니운스이 계곡 투어도 실시하고 있다. 가이드 회사를 경영하고 있어서다. 트레킹과 등산용품을 렌탈하는 가게도 함께 운영하고 있다.

주소: 鹿児島 県熊毛郡 屋久島町 宮之浦2373－2

전화: (0997)42-0023 / http://www.yakusugisou.com/

야쿠스기소우

### 타시로벳칸(田代別館)

1904년 田代旅館(田代館)이라는 이름으로 창업, 1986년 현재의 이름인 타시로벳칸(田代別館)으로 개칭했다. 삼 면이 산으로 둘러 싸여 있고, 바로 옆에 시냇물이 흘러 뛰어난 경관을 자랑한다. 시라타니운스이 계곡과 가까운 거리에 있다. 특히 시라타니운스이 계곡 ~타시로벳칸~미야노우라항으로 이어지는 길은 '아름다운 일본의 걷고 싶은 길 500선'에 선정되기도 했다. 객실수 55실에 220명 정도 수용할 수 있다.

주소: 鹿児島 県熊毛郡 屋久島町 宮之浦2330-1

전화: (0997)49-8750 / http://www.tashirobekkan.co.jp/

타시로벳칸

호텔 야쿠시마 산소우(ホテル屋久島山荘) 안보강을 끼고 있는 호텔이다. 아침에는 강변산책, 밤에는 야경을 보면서 느긋한 시간을 보낼 수 있다. 일본 근대 소설가 하야시 후미코(林芙美子)가 대표작 『부운』을 집필한 곳으로 유명하다. 호텔 앞 다리(만텐바시)를 건너면 곧바로 이자카야와 식당들이 있어 지역 요리와 지역 술을 맛볼 수 있다. 안보강에서 뱃놀이 '나가레부네'를 할 수 있다. 객실 수는 25개다.

주소: 鹿児島 県熊毛郡 屋久島町 安房2364-35

전화: (0997)46-2011

호텔 야쿠시마 산소우

원령공주의 섬 야쿠시마

## 산카라 호텔&스파 야쿠시마(sankara hotel & spa 屋久島)

독립된 빌라 스타일의 별채 29개로 구성된 리조트 호텔이다. 스파
와 수영장을 갖추고 있는 등 신혼여행객들도 자주 찾는다. 풀장에
서 바라보는 동지나해의 전망이 훌륭하다.

주소: 鹿児島県 熊毛郡 屋久島町 麦生字萩野上553

전화: (0997)47-3489 / www.sankarahotel-spa.com/

산카라 호텔

## JR호텔야쿠시마(JRホテル屋久島)

일본철도에서 운영하는 체인 브랜드. 1층은 드넓은 바다를 조망할
수 있는 대욕장과 노천온천이 있다. 천장부터 바닥까지 내려오는

대형 창문을 통해서 바라보는 탁 트인 바다전망이 장점이다.

주소: 鹿児島 県熊毛郡 屋久島町 尾之間136-2

전화: (0997)47-2011

http://www.jrk-hotels.co.jp/Yakushima/index.php

## 민슈쿠 스이메이소우(民宿 水明荘)

안보강 가장 상류에 있는 민슈쿠(민박집)로, 7개의 객실을 갖추고 있다. 애니메이션 거장 미야자키 하야오(宮崎 駿) 감독이 〈원령공주〉를 구상하기 위해 묵었던 집으로 유명하다. 하야오 감독의 흔적을 만날 수 있는 특별한 기회를 만날 수 있는 곳이다.

주소; 鹿児島 県熊毛郡 屋久島町 安房1

전화: (0997)46-2078 / https://plaza.rakuten.co.jp/suimeisou/

민슈쿠 스이메이소우

## 펜션 시프레스트(ペンション シーフォレスト)

미야노우라항에 있는 펜션으로, 화실 13개 양실 3개를 갖추고 있다. 모든 방에는 목욕탕과 화장실이 딸려 있다. 신선한 식재료를 엄선해 요리를 제공하는 데 중점을 두고 있다고 한다. 특히 일본에서도 진귀한 '아사히가니'라는 게 요리를 선보이고 있다.

주소: 鹿児島 県熊毛郡 屋久島町 宮之浦 2450-61

전화: (0997)42-0809 / http://seaforest.info/

## 로지 야에다케산소우(ロッジ八重岳山荘)

8동의 통나무 오두막집으로, 숲속에 안겨 있는 산장이다. 바로 옆으로는 미야노우라강이 흐른다. 방에서 식당까지 이어지는 복도를 걷노라면 마치 삼림 산책을 하는 기분을 만끽할 수 있다. 숲속에서 하천의 속삭임을 들으며 즐기는 야외온천도 일품이다.

주소: 鹿児島 県熊毛郡 屋久島町 宮之浦2191

전화: (0997)42-1551 / http://yaedake.jp/lodge/index.html

## 야쿠시마야(やくしま家)

미야노우라 중심부에서 다소 떨어진 높은 곳에 있는 민슈쿠다. 일부 방은 삼나무를 사용했기 때문에 특유의 향기가 나면서 여행의 피곤함을 씻게 해준다. 객실 6개와 오두막형 독채가 한 동 있다.

주소: 鹿児島県 熊毛郡 屋久島町 宮之浦1261-115

전화: (0997)42-2139 / http://yakushimaya-yado.com/

## 료소우야쿠시마(旅荘 屋久島)

객실수 9개를 갖춘 야쿠시마 유일의 온천여관이다. 온천은 밤 10시까지 가능하다. 주위에 오노아이다 온천도 있다. 숙박요금은 8,000엔~12,000엔. 섬의 5시 방향인 오노아이다(尾之間)에 있어서 야쿠시마공항에서 차로 40분, 미야노우라항에서 1시간 소요 되는 등 다소 멀다는게 단점이다.

　주소: 鹿児島県 熊毛郡 屋久島町 尾之間1299

　전화: (0997)47-2139

　https://travel.rakuten.co.jp/HOTEL/28612/28612.html


## 료칸카모메소우(旅館かもめ荘)

'갈매기'라는 이름이 붙은 숙박업소로 객실은 9개다. 안보항에서 걸어서 약 10여 분, 공항에서 버스로 15분 걸릴 정도로 가까운 곳에 있다. 화장실과 온천은 공용이다. 이곳에 묵었던 한 여성은 트레블재팬이라는 사이트에 '싸면서도 마음 씀씀이가 최고인 숙소'라는 평을 올렸다.

　주소: 鹿児島 県 熊毛郡 屋久町 安房69

　전화: (0997)46-2544 / http://4travel.jp/dm_hotel_each-10053275.html


## 타비노야도 시스이칸 旅の宿 紫水館

객실수 9개. 라쿠텐트래블은 이 집에 대해 "야쿠시마산 야채와 근해에서 잡히는 수산물을 사용한 요리가 자랑"이라고 평가하고 있다. 한 외국인 여행자는 트립어드바이저에 "식사가 맛있는 집"이라는 글을 올렸다.

주소: 鹿児島県 熊毛郡 屋久島町 安房36

전화: (0997)46-2018

https://travel.rakuten.co.jp/HOTEL/142628/142628.html


### 료소우 미야마(旅荘 美山)

객실 8개. 언덕에 있어서 주위 경관도 뛰어나다. 트래블재팬사이트
에는 "지역 명산물을 사용한 반찬이 듬뿍 나온다. 밥을 많이 먹게
된다"며 "밥을 중요시 하는 사람들에게 권할 만한 집"이라는 평가
가 올라와 있다. 한마디로 밥이 맛있다는 것이다. 미야노우라항에
서 차로 5분, 도보로 30분. 공항에서는 차로 15분 거리다.

주소: 鹿児島 県熊毛郡 上屋久町 宮之浦2485-27

전화: (0997)42-0857 / http://www.miyama.show-buy.jp/


### 게스트하우스 드림(ゲストハウスドリーム)

가장 저렴하게 묵을 수 있는 곳이다. 객실은 4개로, 가격은 1인당
3,000엔 정도. 1층에는 지역음식 전문점 아와호(あわほ)가 있어서
손쉽게 식사를 해결할 수 있다. 일본식 600엔, 양식은 500엔이다.

주소: 鹿児島県 熊毛郡 屋久島町 安房120-4

전화: (0997)46-2605 / https://itp.ne.jp/info/468892744177281750/


이 밖에 야쿠시마관광협회(http://yakukan.jp/acco/index.html) 사이
트를 참조하면 다양한 숙박시설에 대한 정보를 얻을 수 있다.

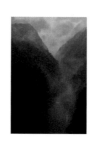

**원령공주의 섬 야쿠시마**

조현제 지음
초판 1쇄 발행  2018년 9월 27일

펴낸이  김영조  |  펴낸곳  달팽이출판
등록 2002년 2월 28일 제 406-2011-000065호
주소  경기도 파주시 탄현면 사슴벌레로 45번지 206-205
전화  031-946-4409  팩스  031-946-8005
이메일  ecohills@hanmail.net
ISBN 978-89-90706-44-7 03980

이 도서의 국립중앙도서관 출판예정도서목록(CIP)은
서지정보유통지원시스템 홈페이지(http://seoji.nl.go.kr)와
국가자료종합목록시스템(http://www.nl.go.kr/kolisnet)에서 이용하실 수 있습니다.
(CIP제어번호 : CIP2018027147)